我用人生讲化学

刘金库　著

化学工业出版社
·北京·

《我用人生讲化学》是作者在教学一线工作十余年来的实践经验总结。作者通过不断地实践、探索、反思，总结形成了各种行之有效的教育教学方式方法，成功打造了"没有低头学生"的课堂，带出了"没有一个学生掉队"的班级。

全书以"走近学生""倾心课堂""心际沟通""探索新路"四个篇章分别展开。书中剖析了大学生课堂教育的现状，分析原因，知己知彼，提出"漩涡效应""重拾'戒尺'"等有效引导学生学习和生活的方法。在此基础上，本书着力阐述了如何进行课堂内容设计、考核方式重构等，为打造精品课堂出谋划策。此外，着眼于教育的核心，本书对课堂内外进一步升华教育教学方法加以陈述，以课堂教学、创新活动为载体，直面学生，倡导教师教书更要育人。最后，本书立足新时代、新形势，列举了一系列新的教学模式，如打造"产教研"一体化课堂、探索实验课程的"双线"教学等，与时俱进提升育人效果，并提出教学改革永远在路上。

本书可供化学专业的广大教育工作者参考，也可供理工类高校的教学辅导员阅读借鉴，以拓展教学与管理大学生的方式、方法。

图书在版编目（CIP）数据

我用人生讲化学 / 刘金库著. －－ 北京：化学工业
出版社，2019.7
（高校名师教学案例精选）
ISBN 978-7-122-34111-2

Ⅰ．①我… Ⅱ．①刘… Ⅲ．①化学－教案（教育）－高
等学校 Ⅳ．① O6

中国版本图书馆 CIP 数据核字（2019）第 051094 号

责任编辑：徐雅妮 马泽林
责任校对：王 静 装帧设计：王晓宇

出版发行：化学工业出版社（北京市东城区青年湖南街 13 号 邮政编码 100011）
印 刷：三河市延风印装有限公司
装 订：三河市宇新装订厂
710mm×1000mm 1/16 印张 11½ 字数 146 千字 2019 年 9 月北京第 1 版第 1 次印刷

购书咨询：010-64518888 售后服务：010-64518899
网 址：http://www.cip.com.cn
凡购买本书，如有缺损质量问题，本社销售中心负责调换。

定 价：59.00 元

序

　　本书作者不仅剖析了大学生课堂教育的现状，并且有针对性地提出了"漩涡效应""重拾'戒尺'"等有效引导学生回归课堂的方法。在此基础上，本书着重阐述了课堂内容设计、考核方式重构等内容，为打造精品课堂出谋划策。此外，着眼于教育的核心，本书对课堂内外进一步升华教育教学方法加以陈述，以课堂教学、创新活动为载体，直面学生，倡导教书更要育人。本书立足于新时代和新形势，列举了一系列新的教学模式，如打造"产教研"一体化课堂、探索实验课程"双线"教学等，与时俱进提升育人效果，提出教学改革永远在路上的理念。通过阅读本书，可以学习作者在不断实践、探索、反思中形成的各种行之有效的教育教学方式、方法，成功打造"没有低头学生"的课堂、带出"没有一个学生掉队"的班级的实践路径。书中的这些实践经验绝对真实可靠，并且仍在不断完善与探索中，值得校内外同仁们共同探讨与分享，共同推进高等教育教学改革向好、向深、向实发展。

　　本书字里行间流露出，作者对待教育事业始终保持着一种"衣带渐宽终不悔"的执着劲头。难能可贵的是，这样一位教育行业的思考者、探索者与实践者能将他丰富的教学方法、宝贵的实践经验及对教育独到的见解毫无保留地分享了出来，向读者展示了有学养、有爱心且极具智慧的教育应该是什么样子，展示了未来的教育仍然大有可为，绝不能止步于眼前。

　　教育要为人的全面发展服务；教育要为社会主义现代化建设服务；教育要为国家发展大计服务。此书更大的启示意义还在于站在新时代高等教育教学改革的新起点上，每一位教育者都有责任，并且也应当积极地去总结过去，直面现在，谋划未来。

　　相信每一位捧起此书的读者都将有所收获！

狄之清

华东理工大学

2019年1月

前言

>>> 教育是有生命力的！应该充满爱，富有激情与活力！

作为一名奋战在高等教育教学一线的教师，我始终认为教育是一项用生命影响生命的事业。比起教会学生如何做学问，引导他们学会如何做人，如何造福社会更为重要。

我热爱生活，热爱化学，二者原理互通，行为互似。一位学生在期末课程结束时，希望我能够给他写一句话作为纪念，我便把内心的感受写给他：化学即人生，人生即化学。我主讲本科生课程"无机化学""应用无机化学"和研究生课程"无机合成与应用"。在课堂上，我追求化学与人生的完美融合，不遗余力地用人生去讲述化学知识，致力于让每一位学生通过学习化学去成就更好的自己，拥有更加美妙的人生；我提炼并秉承"催化优势以克服成长障碍，培育特色英才"的教育教学理念，致力于培养优秀的、面向未来的专业接班人，服务于新时代、新形势下社会建设与国家发展的需要。

>>> 实践方能出真知！

当代大学生的现状如何？如何走近学生、了解学生、有的放矢地去引导学生、教育学生？我们还能采用哪些新的教学模式进一步完善课堂教学？如何宽严相济，讲究方式方法地去改进课堂教学？如何将人生感悟糅合进化学课堂，发挥课程思政的魅力？十四年来，我在教育教学之路上不断思考与反省，勇敢探索与实践已成为一种工作习惯，由此，我也蹚出了一条改革之路，取得了一些令人欣喜的成效。基于此，我将自身成长与进步的点点滴滴记录下来，发表了诸多教学研究论文。本书将这些论文思想凝结成册，希望能够为我国的高等教育教学改革提供一些有益的、可供借鉴的实践经验。

>>> 众人拾柴火焰高！

教育是一项惠及社会、造福未来的事业，它非常需要全社会的关注与参与。在科技迅速发展与社会谋求转型的当下，直接为国家和社会发展输送后备人才的高等教育教学，其改革已是刻不容缓。高等教育如何适应当代大学生，如何适应社会与国家发展的需求，如何面向未来等都是值得教育工作者探究的课题。本书也试图抛砖引玉，希望获得同行与教育工作者的重视与指点，与大家携手，共同为高等教育教学助力。

怀揣对教育工作的赤子之心，我通过多年的教学实践，成功打造了"没有低头学生"的课堂，带出了"没有一个学生掉队"的班级。

在一次与教学相关的评审会上，上海市教学名师潘家帧教授建议我将自己的教学思想和方法整理成书，于是创作了《我用人生讲化学》这本书。在此，对潘家帧教授表示衷心的感谢！

由于笔者水平有限，书中疏漏之处在所难免，恳请读者们批评指正！

刘金库

2019年1月于上海

目 录

1 走近学生

 调研：深入了解大学生群体 / 2

 问诊：大学生缘何背离课堂 / 4
一、调研呈现原因及剖析 / 4
二、多视角下深层次原因探析 / 7

第三节 应对：多途径抓住学生的心 / 9
一、巧借化学原理 / 9
二、打造"旋涡效应" / 13
三、激情互动教学 / 20
四、教师重拾"戒尺" / 26
五、强化归属感 / 31

● 教育锦囊 / 37

2 倾心课堂

 萃取课程内容 / 40
一、内容与课时形成矛盾 / 40
二、有效撷选课程内容 / 41
三、积极应对课时不足 / 43

 优化教学过程 / 47
一、传承与更新 / 48
二、实践与思考 / 54
三、解构与重构 / 59

第三节 优化课程考核方式 / 65

一、多种考核方式 / 65

二、考核实施原则 / 68

三、实施效果分析 / 70

● 教育锦囊 / 72

3

心际沟通

第一节 用人生感悟交心 / 74

一、课堂应担负育人责任 / 74

二、化学与人生交互诠释 / 75

三、教书育人须相得益彰 / 79

第二节 将责任意识托付 / 79

一、化学专业课引入责任意识 / 80

二、化学实验课植入责任意识 / 84

三、化学实验课浇灌感恩意识 / 88

四、综合实验课构筑专业情怀 / 94

五、责任意识培养的建议与展望 / 102

第三节 创新实践增强学生潜能 / 103

一、依托平台：华东理工大学奉贤校区创新实践基地 / 103

二、打造品牌："化学改变生活"活动 / 104

三、效果分析：综合素质全面提升 / 109

第四节 由内涵建设凝心聚力 / 113

一、探索"真心"加"策略"班导师工作模式 / 113

二、创设正能量软环境温暖工作氛围 / 119

三、鼓励青年教师形成独特的教学风格 / 122

● 教育锦囊 / 128

4 探索新路

第一节 改革势在必行 / 132

一、高等教育教学面临新形势 / 132

二、教育教学改革需要新理念 / 133

三、课堂教学发展呼唤新方向 / 134

第二节 直面现实困境 / 135

一、问题：高中课改致教学复杂 / 135

二、难点：学生学习能力差异化 / 136

三、应对：多措并举分层次培养 / 138

第三节 创新教学模式 / 141

一、本科自催化教学模式 / 141

二、产教研一体化教学模式 / 146

三、"案例贯穿授课过程"教学模式 / 152

四、基于ISO 9001质量标准的教学模式 / 158

五、本科综合实验"双线"教学模式 / 166

● 教育锦囊 / 172

学生感言 / 174

结语 / 176

1

走近学生

问题不在于教他各种学问，而在于培养他爱好学问的兴趣，而且在这种兴趣充分增长起来的时候，教他以研究学问的方法。

——卢梭

用生命去影响生命的教育理当走心，只有走近学生、了解学生，站在教学一线，走进学生心灵深处，才能顺藤摸瓜，更深入地去发现当下教育中所出现的问题，才能有的放矢地去解决问题，去实现教育的终极目标。

上课时，教师照本宣科教课，学生则各干各的，如玩手机、睡觉、打游戏等，这堪称高校最尴尬课堂。让人头疼的是，每个高校不可避免、或多或少都存在这一顽症。"学生不听课，我们准备再好的课堂内容也没用啊！"不少教师也为此痛心疾首。"有的老师上课太无聊，我们实在听不下去啊！"学生亦有怨言。究竟是哪儿出了问题呢？为什么学生背离课堂现象日益普遍？不仅是教育工作者，这一问题也同样引起了高校以及相关管理部门的高度重视。

在社会进步和科技发展，尤其是互联网普及的大环境下，学生获取信息的机会和渠道越来越多，各种诱惑和干扰也随之而来。因此，学生在课堂上的精力大为分散，除了玩手机、睡觉，更有甚者还会逃课。再叠加个人成长、社会转型、城市化进程加速等诸多个人、家庭、社会因素的复杂交织，大学生背离课堂的现象日趋严重。大家普遍认为，如何吸引学生回归课堂，是当前国内外大学急需解决的问题。对症方能下药！对此，我们更应去探析问题的本质，从教学对象入手，寻找解决该问题的"良方"。

第一节　调研：深入了解大学生群体

作为高校教师，我们的教育对象是当代大学生。在平时的授课以及与同事或同行间的日常交流中，我们发现当代大学生呈现出了许多新的特点，他们对待课堂教学甚至对待老师的态度已大不如前，不再惜之甚爱之深。这个问题十分值得我们重视，通常将其称为大学生背离课堂现象。要解决这个问题，我们必须走近我们的教育对象，亲近他们，了解他们，找出他们背离课堂的原因，继而想办法引导他们回归课堂，重视大学学习并与教师形成良性互动，共同探求更美好的未来。

为此，我们对全国二十几所高校本科四个年级的学生展开了为期六个月的调研，调研采用了问卷发放、单独访谈等方式。本次调研一共发放问卷1078份，共回收有效调查问卷1075份，经过梳理与总结，对大学生背离课堂的原因按照影响大小归纳如表1-1所示。

表1-1 大学生背离课堂原因调查问卷分析表

大学生背离课堂原因
（1）个人原因，包括家庭教育、成长阅历、社交范围、个人情感、身心健康状况、个人兴趣爱好、对所学专业的喜好程度、性格特征等
（2）周围环境干扰原因，包括不断发展进步的互联网经济、各类网络游戏、学生社团活动及其他娱乐活动等
（3）课堂原因，包括课堂教学内容、知识的实用程度、教室环境、课堂氛围、教师讲课水平、任课教师的着装与形象、语言表达能力、语言的共鸣效果等
（4）社会原因，包括国家方针政策、社会舆论导向、企事业单位用人标准、所学专业的发展趋势，此外，还有不断发展进步的互联网经济、各类网络电子游戏、学生社团娱乐活动等
（5）国际化原因，包括国际社会的发展趋势、世界一体化的节奏与价值观导向、出国的影响因素以及出国留学的难易程度等
（6）其他原因

第二节 问诊：大学生缘何背离课堂

一、调研呈现原因及剖析

对调研数据及工作中遇到的真实案例进行分析发现，近年来，导致学生背离课堂的原因个性化和多样化的趋势越来越明显。按照主客体因素对大学生背离课堂的原因进行分类，可划分为以下几种类型。

（一）个人原因

个人原因，包括家庭教育、成长阅历、社交范围、个人情感、身心健康状况、个人兴趣爱好、对所学专业的喜好程度、性格特征等。

1. 家庭教育

古往今来，父母是孩子的第一任老师。最先对孩子进行启蒙教育的是父母，孟母三迁的典故想必大家都很熟悉，孟子幼时贪玩到最后能够获得大儒之名，大部分功劳应归结于其母教导有方。作为一名教育工作者，我非常认可"孩子是家庭的缩影"这句话，每一个学生身上都带有家庭的痕迹，每一个有问题的学生背后往往都有一个值得父母深入思考的家庭。可见，家庭的教育培养对于孩子的成长何等重要。

2. 健康状况

身体是革命的本钱，身体健康是一个人成长最根本的条件。只有身体健康才能保证有足够的精力投入到课堂学习中去。现今，在校学生的健康状况令人担忧，不健康作息，运动不足，影响着一代学生的身体素质。拥有健康的身体，才能够振奋精神，静心读书。

3. 兴趣爱好

个人的兴趣爱好是认真读书最原始的推动力，所学的专业课知识是否符合其兴趣爱好，直接影响学生的课堂学习效率。兴趣是最好的老师，只有具备了足够的兴趣才会保持持续的学习热情，才会不背离课堂。

4. 社交范围

社交范围是影响学生最直接的外因。正所谓"近朱者赤，近墨者黑"，如果结交一些经常背离课堂的朋友，久而久之也会受其影响而渐渐地背离课堂。与之相反，如果结交一些品学兼优的朋友，经常在一起学习，相互促进，受其学习积极性的影响，背离课堂的意识也会自然而然地消失。

（二）课堂原因

课堂原因，包括课堂教学内容、知识的实用程度、教室环境、课堂氛围、教师讲课水平、任课教师的着装与形象、语言表达能力、语言的共鸣效果等。

教师所具备的专业知识水平、教育方式和营造的课堂氛围等一系列因素也可能会导致学生背离课堂。如果教师的专业知识储备不够、教育教学方式不得当、语言表达不清晰、课堂氛围不活跃等，将直接导致学生背离课堂。所以，教师的综合能力储备和良好的教育方法方式同样必不可少。

其实，今天的每一位教师，都是昨天的学生。换位思考，让我们自己全神贯注地去听枯燥乏味的课程且要坚持90min，也是一件非常痛苦且极难完成的事情。"己所不欲，勿施于人"，这句话提醒我们在授课时，一**定要精雕细琢每一个知识点，精心设计每一个教学环节，力争与学生共享课堂乐趣**，而不是被动完成任务。

（三）社会原因

社会原因，包括国家方针政策、社会舆论导向、企事业单位用人标准、所学专业的发展趋势以及不断发展进步的互联网经济、各类网络游戏、学生社团娱乐及其他文体娱乐活动等诸多方面。

首先是社会环境因素的干扰。在当今的大学校园里，很多学生往往会受课堂之外诸多社会环境因素的影响而背离课堂。比如，他们可以在虚拟的网络游戏世界里寻找打斗的刺激感，因游戏胜利而获得暂时的成就感，个别学生甚至沉溺其中无法自拔。他们可以在丰富多彩的社团活动中忘却课堂，尽情发挥自己其他方面的优势，以此来获得自信和内心世界的满足感；她们可以沉迷于流行的综艺节目或者迷人的偶像剧中，以此来满足内心的空虚感以及所谓的少女感，等等。

其次，社会对专业的需求量也会影响学生的学习主动性。学生一旦感觉自己所学专业在社会上没有发展前途，就会出现厌学情绪，随之背离课堂。

最后，社会舆论导向也会影响学生的学习态度。比如，常常有一些"过来人"语重心长地和学弟学妹说，大学里学到的专业知识在工作中连5%都用不到。为什么5%都用不到呢？准确而言，有很多学生毕业时甚至连5%的专业知识都没有准确掌握，考试过后就归还给老师了，能用于工作的专业知识当然达不到理想的比例了。以人生而论，专业功底是工作的基石，当工作中遇到难题时，方显专业知识的重要性。**且在大学课堂中学到的不仅是知识，更多的是创新思维和解决问题的思路。**

（四）国际化原因

国际化原因，包括国际社会的发展趋势、世界一体化的节奏与价值观导向、出国的影响因素以及出国留学的难易程度等。以出国深造为例，去国外攻读学位已是一件平常事，有些学生家庭经济条件较好，已经为其出国深造做好了充分准备，他们本应珍惜拥有的条件积极进取，可是却因此认为在校内学习已经没有意义，反而出现了背离课堂现象。

随着社会的不断进步，诱发学生背离课堂的因素也逐渐增多，如果处理不好学生自身、家庭和教师的教育及社会等因素中的负面影响，极易加大学生背离课堂现象出现的概率。因此，教育工作者及相关管理部门必须采取有效应对措施，引导学生回归课堂。

二、多视角下深层次原因探析

（一）教育心理学角度

当今大学校园，学生背离课堂的原因呈现个性化、多样化趋势。从教育心理学角度分析，学生背离课堂，往往是因为课堂之外的环境因素更容易让其产生心理上的归属感。

通过用心倾听来自各方面的信息、与学生面对面沟通以及问卷调研等方式，我们基本掌握了不同类型学生背离课堂的原因。比如，个别学生因迷恋网络游戏而远离课堂。深入分析这些学生的处境后，我们发现，一方面，这些学生在学业知识方面已经掉队，因而对课堂讲授知识的兴趣减弱，并且担心会被老师提问而心虚发怵，在课堂上惴惴不安，还不如一逃了之。另一方面，在网络游戏的虚拟世界里，他们反而可以"指点江山，称王称霸"，从而产生强烈的归属感。再如，有些学生不能专心读书，痴迷于各种社会活动，因为他们在与他人沟通方面能够如鱼得水、游刃有余。社会活动要求人积极活跃，遇事随机应变，所受的束缚很少，而在课堂上听讲往往要求心静如水，规范严谨，两者风格迥异。这些学生由于性格所致在课堂上不能静心读书，因此在社会活动中更容易产生存在感和认同感，让心灵有所归属。

上述两类背离课堂现象在校园中最为典型。虽然学生背离课堂的原因千差万别，但分析其心理原因，有一个共同特征是相对于在校园内认真读书而言，学生在课堂外的其他方面更能够获得归属感，从而造成对课堂的背离。如果我们从教育心理学角度着手，强化学生在学校生活和课堂学习中的归属感，将有助于更好地帮助学生回归课堂。

（二）教学方式方法角度

随着社会进步，教学理念也在不断发展。提升课堂教学效果，培养高素质人才，依然是课堂教学的永恒主题。现代教育提出的快乐教育、激情教学、自催化教学、翻转课堂等多种教学手段，依然难以解决大学校园课堂上学生溜号、出勤率低等问题。

如今的大学生自我意识日益增强，在社会大环境的影响下，看待教师的眼光与过去已有所不同。在信息大爆炸的时代，他们获取知识已十分便捷，渠道也十分多元化。在这样的背景下，教师要赢得学生的尊重与认可就变得更加不易，这就需要教师动脑筋、花功夫，在教学方式方法上做出适应当代大学生的改变。有些教师过于宽松，睁一眼闭一眼；有些教师约束学生的方法过于老套单一，都无法达到亲近学生，引导学生的效果。

为了让学生回归课堂，上课点名是老师最常用的教学方法，而且还想出了微信扫码点名、刷脸点名、固定座位点名等林林总总的方法，但结果依然是治标不治本，难以挽回学生已经背离课堂的心。为了更好地达成课堂教学目标，需要教育工作者不断探索新的教学方法，总结教学经验，提升授课效果，努力让更多学生能够回归课堂。我对待教学工作一贯认真严谨，对学生"戒尺"高悬，要求严格，既使学生取得了好成绩，也让教师赢得了学生们的尊重。学生取得显著进步后，不仅理解了教师对他们严格管理的初衷，而且还会对"戒尺"愈加敬畏，从而使我们的教学工作开展得更加顺利，育人目标得以实现。

 ## 第三节　应对：多途径抓住学生的心

　　针对大学生背离课堂这一顽症，寻求全新有效的应对策略，是当前教育工作者面临的首要任务，也是高校学生工作中急需解决的问题之一。研究表明，针对学生背离课堂问题，提前做好防范工作，未雨绸缪的效果远好于学生背离课堂后再采取措施引导其回归。

　　我承担了华东理工大学教育教学改革专项"学生背离课堂原因剖析及应对策略研究"工作，从事相关研究已有两年多。本书在对个案和群体背离课堂的概率及背离原因进行深入剖析的基础上，提出了借鉴化学原理、借鉴"旋涡效应"原理、强化归属感引导学生回归课堂以及大数据时代的激情互动教学模式与教师重拾"戒尺"等多个行之有效的应对策略，以避免学生背离课堂现象发生。经过多年的工作实践检验，这些策略取得了较好的教书育人效果。

一、巧借化学原理

　　学生背离课堂的原因多种多样，每一个独立的个体都有其自身的特征。这就如同我们从事的化学研究，虽然每一个化学反应都涉及反应条件和反应热、反应速率、焓变、熵变等多种物理化学参数，但这些反应都遵循着热力学第二定律，都有自己的反应动力学方程。换言之，尽管学生背离课堂的情况千差万别，但与化学原理有相似之处，即都有其规律可循，我们可以借鉴化学相关原理，实现学生的课堂回归。

（一）总体思路

随着高等教育的不断改革和发展，高校更加注重以人为本，提升教书育人效果，强调学生自主能力的提高和创新意识的培养。遗憾的是，大学生逃课、课堂睡觉、玩手机等背离课堂问题日趋严重。因此，帮助学生摆脱学习中的诸多不利因素，让学生感受学习的快乐，获得自我认可，回归课堂，是当今高校教育教学工作的重点之一。探索新型的课堂教学方法和有效管理模式，对于高等教育发展意义重大。

（二）具体实施

我长期从事本科教学工作，教学中秉承"用文学演绎化学的精彩，用化学感悟生活的深度"，用"化学改变生活"的诸多实例强调化学学习的重要性。对化学经典理论理解相对透彻，并能够将相关原理运用在日常教学和学生管理中。由于化学理论与日常生活密切相关，在教学工作中，我们探索借鉴化学原理，引导背离课堂的学生回归，取得了显著成效。下面对具体的实施方法加以说明。

1. 内因驱动——化学反应的自催化原理

借鉴化学反应的自催化原理，实现学生主动回归课堂。在化学反应中，生成的产物对反应速率具有加快作用的反应，被称为自催化反应。根据自催化原理，我探索出以内因为出发点采取措施，引导学生主动学习，提高学生自主学习以及分析和解决问题的能力。

首先，教师在课堂教学中将课堂内容进行分类、归纳，针对某一知识点设置多个连贯的教学环节，让学生每完成一个步骤都能够获得自我认可，感受到学习乐趣。这种教学设计模式，若能够同打游戏闯关一样，既有挑战性、连贯性，又有趣味性，自然可以极大地提高学生的学习兴趣。比如，在讲解弱酸溶液中的氢离子浓度简化计算问题时，我们可以采取逐步递进的方式——先是忽略水解离出的氢离子，然后忽略已经解离的分子数，再利用求根公式计算氢离子浓度。如此一来就能轻松达成教与学的目的。其次，教师及时准确地给出学习相关知识的"引发剂"（比如，与知识直接相关的概念、关键词、术语等），并适时给予引导，帮助学生加深理解。再者，教师要用言简意赅的语言激励学生，让学生在学习过程中时刻保持高度自信，确保课堂教学顺利进行。最后，教师引导学生对知识点进行回顾、归纳和总结，帮助他们牢固掌握，形成自己的记忆符号。

这种教学方法，以教师为主导，学生为主体，构建起愉快轻松、合作共振的双向互动课堂教学模式，完全打破了常规的单向传递式教学模式。学生在这样的教学互动过程中不断收获自信，感受到学习的乐趣，自然会愿意回到课堂中。采用自催化教学模式，对学生加以引导的同时也是在督促学生参与课堂教学，基本能够杜绝学生看手机、睡觉等课堂溜号现象。

2. 个体突破——化学的有效碰撞原理

借鉴化学的有效碰撞原理，有效解决极端个案。在化学反应中，能够发生化学反应的分子（或原子）的碰撞才叫做有效碰撞。我们疏导学生时，要真正有效地去疏导，才能够使学生回归课堂。

很多教师反映，虽然与学生沟通了很多次，但取得的效果并不明显。这使我们联想到在反应体系中，反应物分子虽然发生了千百万次的碰撞，但大多数碰撞不发生反应。因为发生有效碰撞有其前提条件：一是反应物分子必须具有一定能量；二是反应物分子碰撞时要有合适的相对取向。这一原理提醒我们，在与个别学生沟通时，要取得满意的疏导效果，需要我们更加用心，事先要弄清楚该学生背离课堂的原因，采用能够对学生内心深处产生震撼的语言去进行引导。这就如同化学反应的发生，需要跨越必须的势垒一般。此外，还要选择合适的时间和空间，充分尊重学生的隐私，要让学生身心放松，敞开心扉，才能够取得良好的沟通效果，引导这些学生回归课堂。

3. 链式带动——化学的链式反应原理

借鉴化学的链式反应原理，以点带面让更多学生回归课堂。链式反应，通常是指事件结果中已经包含了事件发生条件的一类反应，分为单事件链式反应（如铀核裂变）和多事件链式反应（如化学中的多催化反应）。一般地，链式反应指核物理中，其中的一个核反应生成的产物能引起同类核反应继续发生，并逐代延续进行下去的过程。常见的如有焰燃烧中都存在着链式反应。

在课堂教学和管理中，我们可以借鉴链式反应，特别是刚接触某一个班级时，一定要注意链式反应效应。教师可以通过与个别学生沟通、班级整体激励等方式，使得整个班级在部分学生的带动下形成良好的学习氛围。不仅任课教师如此，班导师工作也同样可以借鉴链式反应特征。班导师可以从班级中热爱学习的学生着手，树立榜样，动员其他学生向他们学习的同时，也请这些学生主动出击，从身边的同学着手，"各个突破，以点带线，以线带面"。整个班级便如同链式反应一般，在榜样学生起到示范带动作用的基础上，形成积极向上的班级风气。如此一来，背离课堂的学生自然就少了。

4. 激情课堂——化学的热化学原理

借鉴化学的热力学和动力学原理，提升学生课堂学习的热情。在化学反应中，温度每升高10℃，反应速率会提高2～4倍。

课堂上，教师充满激情的讲解，能够感染学生，带动学生的思路，学生听课就不会溜号。充满激情的教师也能够让学生充满积极的能量，振奋精神，把精力集中到课堂上来，课堂教学效果自然会更好。另外，活跃的课堂氛围，有助于学生在轻松快乐的环境下感受并享受到学习的乐趣，不再觉得听课是一件很辛苦的事情，而是能乐在其中，逃课、溜号现象自然就少了。有学生在评教系统中给出这样的评价："充满激情的课堂，让枯燥的化学变得如此生动有趣！"

5. 持续关爱——化学工艺中的淬火效应

借鉴化学工艺中的淬火效应，持久牢固地保持学生的学习热情。淬火效应，原意指金属工件加热到一定温度后，浸入冷却剂中进行冷却处理，使工件的某些优异性能长期稳定地保留下来。

这里所借鉴的淬火效应，是让学生在教师激情教学、持续关爱的同时，也要慢慢学会脱离教师的呵护，自己独立思考，理解读书的真谛。大学生虽然还是学生，但从法律角度上讲已经是完全意义上独立的个体了。他们可以对自己的行为负责，不应该一直在教师的叮嘱、监督下生活。学校、教师的教育和关爱，是为了帮助学生更好地成长，学生也应该意识到自己才是真正的受益主体。有了自主独立的意识，再经学校和教师的引导，冷静思考过后，学生会更加深入了解到背离课堂带来的害处，从而有利于背离课堂的学生主动回归课堂。

二、打造"旋涡效应"

深刻剖析获得学生背离课堂的原因，是选取有效应对措施的依据。对于背离课堂的学生，让他们回归集体，开展正常的学习和生活，是高校培养人才工作的重要内容之一。事实证明，应对不如预防，如果能够事先采取有效措施，避免学生背离课堂现象的发生，则意义更大。我整合多年授课、教育管理经验发现，如果能够有效借鉴"旋涡效应"原理，对于达成上述目标意义极大。

（一）什么是"旋涡效应"

旋涡，本义是流体急转所激起的螺旋体。旋涡中心力量对流体螺旋形的维持具有至关重要的作用。在机械物理领域，旋涡是指物质在离心力的作用下，以某一点为中心，加速向中心流动而形成的强有力的聚集运动状态。"旋涡效应"就是体系一旦形成旋涡后，个别质点的运动状态不再受自身主导，而是在旋涡向心力的作用下，同邻近物质一起运动，加速流向旋涡中心。

学生背离课堂现象的发生就如同一个"旋涡"的形成，一旦深处其中，即使个别学生想努力爬出来，结果也会收效甚微。因为很多学生会抵挡不住其他背离课堂学生的引诱，渐渐放弃挣扎，于是这种不良风气所形成的"旋涡"越来越强，使背离课堂的学生游向"旋涡"的中心，被它深深地吸进去。因此，现实生活中常常会出现某些班集体整体学风不良的现象。

高校如果从逆向角度思考，也可以利用"旋涡效应"在课堂教学及学生管理工作中引导学生，帮助班集体形成积极向上的良性"旋涡"。教师也可以利用"旋涡效应"教育学生不要被惯性压倒，不要让情绪来掌管自己，而是应该学会冷静下来、理智下来，树立远大理想及正确的世界观、人生观和价值观，形成充满正能量的旋涡。让每个学生都成为良性"旋涡中的质点"，必将有助于避免背离课堂现象的发生以及实现个别背离课堂学生的课堂回归。

（二）如何实现"旋涡效应"

有效借鉴"旋涡效应"原理，实现学生的课堂回归，需要做好以下几个方面的工作。

1. 积极引导，形成合力

旋涡形成的前提是群体具有极强的凝聚力。比如，一个班级中的每位学生都应该热爱集体，拥有大局观和团队意识。这需要我们通过思想政治教育、团建活动等方式对群体进行正能量的引导，让班级的每一位学生均产生强烈的集体荣誉感和团队意识。同时也要求我们领会教育心理学原理，与学生用心沟通，最大限度地团结班级的每一位学生，发挥每一位学生的积极性和主动性。如此才能形成勇往直前的合力，让每一位学生在积极上进的团队中，都产生强烈的存在感和个人责任感，整个班级成为一个有战斗力的团队，不让任何一位成员掉队。一个非常有效的措施是，精选一个充满正能量，能够认真负责的班委，班委不仅能够有服务意识，而且还要有强烈的责任心和班级荣誉感。

2. 正向推动，形成"旋涡"

班级形成凝聚力后，还需要帮助他们树立班级奋斗目标，推动班级形成强烈的向心力，促进"旋涡"的形成。比如，专业班级争取人人都拿奖学金，大的授课教学班级力争彻底消灭考试不及格现象，等等。当团队中每个成员都拼搏向上，追求卓越，为自己制定的奋斗目标而努力时，整个班级即可形成强烈的正能量"旋涡"。这种"旋涡"的形成，会感染团队中的每一位成员，鞭策大家珍惜光阴、认真读书、怀揣梦想、勇往直前，彻底摆脱消极懈怠情绪。

我们学校有许多班级班风良好，班里的学习委员和"学霸"们会主动带领班级同学进行集体学习，每个学科的"学霸"还会分头为大家梳理课程要点。还有的学生在课余时间自发开办了"第三课堂"，为同学们讲解大学物理、高等数学、物理化学等令大家普遍感到十分难攻克的课程。这样的学习氛围也是学校班导师们乐于并积极促成的。对于迷恋打游戏的学生，有智慧的班导师会揪出"领头羊"，采取严格的"盯人战术"，让成绩好的同学与他们交朋友，带领他们一起行动，心理战、瓦解术、激将法等策略并用，以真情打动，用正能量激励，彻底将游戏瘾扼杀在萌芽状态。对于学习好的学生，班导师则会采用激励法，让大家产生暗暗较劲的心理："你在拼，我也要拼"，共同进步。

3. 重点关注，引入"旋涡"

背离课堂的学生往往会远离群体或与群体的校园生活节奏不一致，发生这种现象的原因大多是受外界干扰或诱惑而远离课堂。对于这些已经背离课堂或有背离课堂倾向的学生，需要给予重点关注。如果能够让这些学生与这种积极上进、充满正能量的"旋涡"接触，他们会在"旋涡"向心力的带动下亲近课堂，爱上学习。比如，发现个别学生痴迷网络游戏后，我们就要多用心关注这些学生。要让他们多接触班级里认真学习的学生，被周围积极上进的环境熏染，同时辅以劝导、鼓励等心理干预方式，让他们回归到认真学习的队伍中来。最终使他们被这种努力拼搏的团队精神所感染，成为用功读书"旋涡"中的一分子，从而有效避免学生背离课堂现象的发生。

4. 防微杜渐，稳定"旋涡"

对于已经形成具有正能量"旋涡"的班级，仍需要教育工作者保持密切的关注，及时加以鞭策和鼓励，防患于未然。特别是对于班级中那些曾经有背离课堂倾向的学生，更要多多用心加以引导。在课堂上，教师要留意他们的听课态度，通过批改作业、课堂提问等渠道了解他们的学习状态。在日常生活上也要给予他们更多的关心和爱护，及时掌握这些学生的思想动态，帮助他们树立远大志向。在交谈中，要及时表扬他们在学习和生活中取得的成绩和进步，创造机会让他们获得对个人能力和发展潜质的充分认可，让认真学习成为生活习惯，将这些学生的背离课堂倾向止于萌芽状态。

（三）"旋涡效应"应用实践

以专业班级的学生管理工作为例，大学生容易在大一下半学期和大二上半学期这两个时间段发生背离课堂现象。因此，在学生刚入学时，我们就要着重强调班级团队意识，同时狠抓学风，引导正能量"旋涡"形成，阻止不良风气形成。

通过多年来对数百个班级学生背离课堂现象的调研数据进行研究发现，上述两个时间段学生最容易出现因迷恋游戏而背离课堂的迹象。如果适时采用如下六项措施，可扼杀不良风气，引导积极向上的正能量"旋涡"的形成：一是督促班委当好"领头羊"。班委是由教师和学生选举产生的，在班级中具有典范榜样作用。班委一定要引领好班级学生，带头抵制游戏的诱惑，努力营造勤奋好学的良好氛围。二是教育学生端正学习态度。召开主题班会，着重强调背离课堂而放弃学习的危害性，让学生端正学习态度，把背离课堂的想法扼杀在萌芽之中。三是让学生互相监督。学生私下交流的时间多，可以让他们互相监督，一旦发现有背离课堂倾向的学生，要主动劝导并及时向教师汇报情况，以便及时采取应对措施。四是教师与学生面对面交流沟通。如果有学生已经出现背离课堂的现象，教师应该及时与其进行沟通，分析根源并采取有效应对措施，及时予以劝阻和纠正。五是及时与家长沟通。教师应该与家长保持沟通，一方面教师可以了解学生在家的学习状况，另一方面家长可以了解学生在校的学习情况，这样能够共同关注孩子的学习与成长。六是不定期检查宿舍。当发现学生在宿舍玩游戏时，要对其加以劝告，平时多留意这些学生，坚决抵制背离课堂现象的发生。上述这些措施并用后，这些班级形成了积极的"旋涡"，并将迷恋玩游戏的不良风气扼制在了萌芽状态，有效避免了学生背离课堂。实践证明，上述六项措施完全能够被学生所接受，不仅可行而且十分有效。

（四）"旋涡效应"应用细节

借鉴"旋涡效应"原理引导学生，需要在实施过程中注意以下细节。

1. 抓住形成"旋涡"的有效时机。提升学生的集体荣誉感和班级的凝聚力，并辅以思想政治干预和心灵沟通，才可能形成充满正能量的"旋涡"，这是利用"旋涡效应"的前提和基础。形成有效"旋涡"的最佳时机则是大学生刚刚走进大学校园的"空白期"或者是教师授课的学期初期。一开始就定下规矩，养成习惯，有了良好的开端对于学生学业生涯的发展至关重要。

2. 创造合适的时机，及时把有背离课堂倾向的学生引入正能量的"旋涡"中。背离课堂的学生终究是群体中的少数，这个比例一般为学生总人数的5%~10%。对于这些学生，我们需要用心地为他们创造机会，诸如通过集体活动、课堂研讨等途径让他们重新被班集体吸纳，成为"旋涡"中的一分子。

3. 尽早形成积极向上的"旋涡"。利用"旋涡效应"原理管理班集体，对大学生背离课堂现象的预防作用远大于问题发生后再应对。因此，如果时间、人力等条件具备，应该对被管理的班集体的情况提前了解。在此基础上，再结合以往大学生生活各阶段容易出现的各种状况以及各阶段的行为、心理特征，及时分析挖掘可能发生的问题，尽早采取有效的应对措施，形成正能量"旋涡"，并不断强化这种旋涡作用，让整个班集体热爱读书，积极向上。

4. 发挥"旋涡"辐射作用。任何个体的成长与发展都会受到周围环境的影响。正能量"旋涡"形成后，同样还会受到周围各种负面环境因素的干扰。如果将这种"旋涡"放大到整个校园，就能够有效冲击那些负面环境因素，预防在校学生背离课堂。学生背离课堂现象在全国范围内普遍存在，因此，将借鉴"旋涡效应"原理教育学生的研究成果和实施经验加以归纳总结，并在高校间积极宣传推广，对于减少大学生背离课堂现象的发生，将起到积极作用。

（五）"旋涡效应"应用效果

我们借鉴"旋涡效应"原理所取得的有益效果可以从三个方面获得证实：一是学生的评价。有学生这样评价自己的班级："能够做我们班级的学生，是一种荣耀，也是一种压力，因为每个人都在拼搏向上，努力学习，我也必须不断进步。"由此可见，借鉴"旋涡效应"原理来管理的班级中，无形的"旋涡"在推动着每一个人。二是专家听课、走访后的信息反馈。曾有专家听课后吃惊地问我："你们把学生的手机收掉了吗？怎么会没有一位学生看手机？""没有一位学生睡觉啊？""学生的学习状态怎么这么好啊！"这一系列的感叹反映出学生良好的听课状态。在与学生私下交流学习态度、对教师的认可度等信息时得到的回应同样让专家赞叹。三是班级学生的学业成绩，这是最能直观反映借鉴"旋涡效应"原理管理起到积极作用的指标。借鉴"漩涡效应原理"管理的班级，成绩明显优于其他平行班，比如某班级中60%以上的学生拿到了奖学金，100%的学生如期毕业并高质量就业。借鉴"旋涡效应"原理管理的班级科研氛围也非常浓厚，参加大学生课外科研活动的比例几乎达到100%，科研成果最多的学生以第一作者的身份发表了3篇学术论文，申请1项国家发明专利并获得了授权。正能量"旋涡"的带动，让整个班级充满着青春奋斗的激情。

寻求应对学生背离课堂的有效策略，是当今高校亟需解决的问题之一。虽然彻底解决学生背离课堂问题还有很长的路要走，但借鉴"旋涡效应"原理来解决学生背离课堂问题，我已经在教学及教育管理工作中应用多年，这不仅能够有效实现部分学生回归课堂，更为重要的是这种工作思路能够从根源上有效预防大学生背离课堂现象的发生，同行可以参考借鉴。

三、激情互动教学

使学生热爱课堂，充分掌握学科（专业）知识，是教师授课目的所在。而如何提升授课效果吸引背离课堂的学生回归，是教育工作者一直在研究的课题。古人刘开就专门论著《问说》提出："非学无以致疑，非问无以广识；好学而不勤问，非真能好学者也。"学如此，教亦如此，师生互动是达成良好授课效果最有效的措施之一。

课堂上与学生进行互动，是现代教育理念中一直被高度重视，也是管理部门反复强调的教学模式。互动的目的是期望通过问答与讨论的形式，强化学生对知识的理解，以更好地实现教学目标。当代大学生处于信息高度发达的时代，各类数据资源丰富，分散学生精力的地方有很多，如何能有效地与学生进行激情互动，吸引更多学生回归课堂，需要授课教师对这一传统且有效的模式赋予新的内涵。

（一）激情互动有益教学

建构主义学习理论是互动教学模式的理论基础。让·皮亚杰以"儿童认知发展理论"为基础首次提出"建构主义"，普利高津、约翰·杜威和杰罗姆·布鲁纳等发展了该理论。它强调教学应该"以学生为中心"，认为学习是由学生自己建构知识的过程，而不是简单被动地接收信息的过程。近年来，高校教师更加注重如何才能实现更为有效的课堂互动，并从互动题材、语言、时机及对象等多方面着力。让传统的授课模式起到更好的教学效果，必将有助于缓解学生背离课堂的现象。

教育是教师与学生心灵的碰撞与沟通。在越来越多的人崇尚网络化互动交流的大数据年代，教师更应该力行陶行知先生提出的"真教育是心心相印的活动"这一论述，以心激心，以情动情，才能让学生在上课时集中注意力，充分调动他们求知的欲望。我们的课堂需要激情，教师的激情教学可以拨动学生灵感和求知的琴弦，点燃学生智慧的火花，让课堂拥有生命的气息，以培养出更符合大数据时代需求、对生活充满激情的专业化人才（见图1-1）。

图1-1　授课照片被学生做成了表情包

（二）激情互动教学实践

处于信息高度发达时代的大学生，通常思维活跃、底蕴深厚，对期望获取的信息提出了更高的要求。因此，大数据时代课堂激情互动的题材、语言及互动时机、互动对象等均要有所不同。

1. 题材需要更用心撷选

互动题材的选择，有以下几方面特点。第一，题材要具有时代特征。大数据时代，信息量大，传播速度快、途径多。选取的题材要新颖，尽量能与当下的热点问题相结合，引发学生的激情讨论。其次，要切合课堂主题。选取的互动题材需要精心设计，与课堂内容紧密结合，这样才能起到加深对课堂知识理解和掌握的作用。第二，要符合学生的青春心理。大学生的年龄大多数在18～21岁左右，是世界观、人生观和价值观形成的关键时期。他们思想活跃，喜爱新鲜事物，大多热爱探索，个性张扬，不喜欢说教和被灌输"道理"。因此，我们虽然需要与学生互动交流，但不是把自己的观点强加给学生。第三，要密切联系实际。理论联系实际，明确知识的价值所在，能够显著提升学生的学习兴趣，特别是如果能够与高科技领域相结合，对于提升课堂互动教学效果的意义极大。第四，要尽量以学生为主体。学生是课堂的主体，选择互动的题材如果能够以学生为主人公，更能提高学生的课堂参与度。第五，要积极向上且充满正能量。选择积极向上且充满正能量的互动题材是社会发展的必然趋势。

2. 语言需使题材准确呈现

在选择好题材后，相对应的，语言也要与互动的内容契合，尽量满足以下几个特征。

（1）引入内容紧扣主题。上课开始时要先营造课堂氛围，用目的明确、重点突出的几句话起到抛砖引玉的作用，让学生自发地进入学习思考模式，同时语言要准确且富有鼓动性。（2）词语简练、准确。大数据时代信息量非常丰富，网络语言层出不穷，有些词语被赋予了新的含义。教学时要用精准的词语来表达学术性知识，避免误导学生。同时，使用简练的语言也可避免学生对冗长的内容疲倦，甚至背离课堂。（3）幽默、诙谐，产生共鸣。适度幽默的语言能吸引学生的注意力，给学生带来学习的兴趣和信心，在快乐中牢记知识。幽默的语言还要能够收放自如，既可生动诠释知识又要避免偏题过度，这样才能为课堂教学锦上添花。（4）利用好语音语调，调控课堂气氛。抑扬顿挫地表达，有助于调节课堂气氛，让课堂互动变得轻松愉悦。（5）及时刹车，意犹未尽，欲擒故纵。激情互动，把大家的学习热情调动起来后，注意控制语言表述，让学生意犹未尽，产生乘胜追击的主动学习精神。（6）深入剖析，回归课堂主题。师生互动后，要及时回到课堂的主要脉络上来，深入剖析知识点，加深学生的理解。

3. 把握好激情互动时机

激情互动这一教学模式虽好，但也必须把握好激情互动的时机，这样才可以起到事半功倍的效果。当遇到如下教学情况时，需要重点把握时机。（1）难以理解的单个知识点。遇到难点时，可以用生动形象并且令学生感兴趣的语言"替换"知识点，并有针对性地进行教学，引导学生用列举等方式理解并突破这些难点。（2）需要总结的知识面。通过师生互动的模式共同梳理和总结所学知识。由教师把握知识方向和梗概，学生补充具体知识点，提高学生的参与性与主动性，在增强总结能力的同时加深对知识的记忆与理解。（3）相对生僻的术语。课堂中如果遇到相对生僻的术语，建议引入互动模式强化对词汇的记忆和对知识的理解。（4）需重点掌握的知识点。与学生进行有针对性的课堂互动问答是增强学生对重点知识的记忆和提高课堂注意力的有效方法。（5）讲解时间过长，听课疲劳时。疲惫时的小笑话，能够帮助学生放松神经，提高听课效率。适当使用肢体语言，也可以减少学生的视觉疲劳。（6）容易困倦的时间段。对于下午一二节课，要特别注意课堂的氛围，这是学生一天中最容易困倦的时间段。可通过适当引入与课堂教学内容相关的小视频、音频等方式进行互动，从视觉、听觉等多方位吸引学生的注意力，有效吸引学生回归课堂。（7）内容相对独立的知识点。对于相对独立的知识点，可事先让学生查阅相关内容与知识背景，并在课前以PPT讲解等方式来表述对问题的理解。教师可以快速并更加准确地了解学生的想法，进一步进行针对性教学。课后可以让学生以小组讨论的形式总结并提出问题，巩固加深对知识点的记忆。（8）有需要特殊关注的学生。授课教师首先要把少数需要特殊关注的学生熟记于心，课后了解学生的喜好，课上多关注这类学生，引导他们参与问题的讨论。

4. 有效选择互动对象

激情互动时，巧妙选择互动对象，对于提升互动效果至关重要。在平时授课过程中着重注意这一环节，可起到事半功倍的效果。在进行互动对象选择时，应把握以下几个方面。

（1）调节课堂氛围，与全班学生呼应互动。在巩固整节课所学的重点、难点时，以深入浅出的方式结合生活实际进行总结教学。呼吁学生主动提出问题，并组织全班学生进行讨论，最终解决问题。（2）鞭策成绩相对落后的学生。提出相对基础的、概念性的、易于在书本中找到答案的问题让其解答，既能帮助他们明确知识要点，又能提高他们的自信心。（3）随机互动，活跃气氛。教学时不要只站在最前方，照本宣科地讲课件，或只与前排学生互动，要融入整个班级，与学生亲切交流。（4）重点关注注意力不集中的学生。对于注意力不集中的学生，讲课时要注意语速语调的变换，可通过适时提高音量、突然停止讲话、提问等方式使学生的注意力集中。对习惯性思想开小差的学生，可于课后进行善意的交流，了解学生精神上的压力或困难，并给予安慰，帮助其解决存在的问题。（5）需要激励认可的对象。对于取得明显进步的学生，应及时给予表扬和鼓励，这对于提升这些学生的学习兴趣作用极大。

（三）激情互动注意事项

通过激情互动教学模式，可以提升课程授课效果，有效缓解学生背离课堂现象，但同时也需要注意以下几个细节问题，防止效果适得其反。

（1）把握时间尺度。课堂互动的最终目的是提升教学效果，而不是为了互动而互动。因此，必须要把控好并充分有效地利用课堂有限的时间。（2）注意措辞力度。课堂互动的措辞要准确、生动、有力度。对于知识点的提问、对学生的褒奖、对内容的总结均需用词准确到位。

（3）互动恰当得体。课堂互动要恰当得体，语言表达，题材内容等均要充分尊重学生，以调动学生的学习积极性和主动性为主，坚决避免学生产生"老师让我出丑"的负面心理。（4）问题清晰明了。互动时提出的问题应清晰明了，换句话说，应让学生明确知道教师在问什么问题，尽量避免问题含糊不清。（5）内容积极向上。与学生互动的题材应积极向上，有助于帮助学生理解课堂内容，坚决拒绝消极负面的内容进入课堂。（6）切入自然流畅。激动互动情节的切入要自然流畅，在知识讲授时自然而然地开展，引导学生以主人的身份参与课堂互动。

（四）激情互动教学效果

激情互动的教学模式被赋予了大数据时代的内涵，教师在课堂上充分利用最新、最有效的数据资源，用准确的语言传递给学生，以学生为主体，注重挖掘学生的优点，鼓励学生的个性化发展。这些对于培养专业化的人才起到了非常重要的作用。大数据时代下，实施激情互动教学法，其效果主要体现在如下几个方面。

（1）拉近与学生之间的距离。大数据时代的激情教学模式被赋予了新的内涵，能让学生与教师产生亲近感而不是时代的隔阂，有利于师生心灵上的互动与情感上的沟通。（2）让课堂时刻流动新鲜血液。由于互动题材和内容紧跟时代节拍，用最新最热点的素材与学生互动，把经典的知识用时尚的载体来传输，使课堂充满生机和活力。（3）降低环境因素对学生的干扰。在大数据时代的课堂上充分利用"大数据"，让学生在课堂上同样可以获取互联网上的最新信息，感受课堂研讨和教师激情授课带来的乐趣的同时，还会对课堂产生归属感，这些无疑会有助于吸引学生的课堂注意力，大大减弱外界因素对学生的干扰，降低学生背离课堂现象发生的概率。（4）有助于引导学生个性化发展。每个学生都是独立的个体，性格、爱好及价值取向不同，人生规划各异。大数据时代信息丰富，传播迅速，我们应鼓励学生创新，实现个性化发展。

四、教师重拾"戒尺"

为了更好地达成课堂教学目标，需要教育工作者不断探索新的教学方法，总结教学经验，提升授课效果，并为更多学生能够回归课堂而努力。通过多年的思考与实践，我们认为，对学生"戒尺"高悬，严格管理，有助于师生互相尊重，互相理解，不仅能使教学工作开展得更加顺利，也能让更多学生回归课堂。

（一）重拾"戒尺"有必要

戒尺，由两只木块制成，是旧时私塾先生对学生施行体罚所用的木板。现代教育倡导赏识教育，要求学校、教师和家长对学生多鼓励，少批评。很多教师为满足这一要求，处处顺着学生，对于学生存在的问题，并不严格要求，积极应对，认真解决，而只是蜻蜓点水般地提醒甚至置之不理，事后再私下抱怨，发泄不满。

如果通过鼓励、表扬就能解决大学生旷课、溜号等背离课堂问题，谁还愿意做"黑脸先生"呢？按照现代教育理念，教师不能够体罚学生，但我们可以赋予"戒尺"新的内涵，让有形变无形，也就是说，可以严格规定学生：**"一必"——哪些事情必须做，"二不"——哪些事情不能做，"三认真"——哪些事情需要认真完成"**，否则将会受到处罚（如扣除部分平时分数，到课堂最后一排听课等）。用明确的现代"戒尺"，实现与古代戒尺相同的作用，违者必罚，让学生牢记什么该做，什么不该做。

实践证明，拿起"戒尺"的教师，课堂教学的开展比以往顺利很多，取得的教学效果和课堂管理效果均让其他教师羡慕与钦佩。现阶段，为了实现学生回归课堂，教育工作者提出的种种办法，大多属于柔性措施，本书提出与此完全不同的主张，建议教师重新拿起"戒尺"，实现学生的课堂回归。

"大学之道，在明明德，在亲民，在止于至善。"解决学生背离课堂问题，要在教育部提出的本科教育"四个回归"的基础上，尊重国情、尊重教育内涵、尊重学生成长规律，重拾中华民族传承千年的"戒尺"，为当代学生立明德至善之规，让教育回归本真。

（二）重拾"戒尺"的前提

在大学校园里，学生逃课、上课不认真听讲、玩手机、睡觉等非正常现象极为常见。今天的每一位教师，都经历过学生阶段，对当年教师的授课情况或多或少会有自己的评价和见解。在一个教学班级中，偶尔有个别学生背离课堂，属于正常现象，而大部分学生背离课堂，作为教师的我们就应该思考自己的责任并从自身查找原因来解决这一问题了。

现今校园，教师对批评学生总是心存顾虑，稍有不当，轻则学校通报批评，重则调离教师岗位。要想真正如前人般拾起"戒尺"，需要相关教育管理制度的支持和学生的理解。如今是开放的社会，通过非全面的信息调研也可知，社会期待学校能够严格管理学生，培养出有真才实学的有用人才，服务社会。

（三）用好"戒尺"的要点

新时期教师要用好"戒尺"，需要做好以下几个方面工作。

1. 正己尽己。唯正己可以化人，唯尽己可以服人。为人师者，需要做好表率，除要具备丰厚的知识底蕴来备好课，讲好课外，还需要从立德树人的角度全面提升自己。律人先律己，这要求教师不仅要不断提高自己的教育教学水平，还要提升自己的道德和学识水准，这样才能在学生中树立起威信。

2. 课堂立规。在第一次上课时，就要把各种规定讲解清楚，告诉学生什么情况会受到"戒尺"的惩罚。课堂的所有规定都以呵护学生为出发点，最终提升课堂教书育人的效果及学生的综合素质。各项规定要细化，不要只有原则上怎么处理的说法，而是要求学生必须怎样，让课堂管理制度无漏洞可钻。

3. 严格执行。课堂所有规定，要以"戒尺"为保障，严格执行，让遵守规定成为学生的习惯。如果各种规定执行不到位，那么制度如同虚设，学生得不到约束。对于处在世界观、人生观形成期的学生来说，背离课堂行为有百害而无一利。学生接受严格的制度约束，有利于促进其健康发展，德才兼备，从而拥有美好未来。

4. 效果回馈。"戒尺"约束能够长期有效的前提，是学生能够感受到"戒尺"约束给个人成长带来的益处。主要体现在学生在"戒尺"的约束下，通过课堂学习，掌握了理论知识，提升了学习能力，个人考试成绩得到明显提高。取得这些优异效果，会让学生更加拥护教师重拾"戒尺"，用好"戒尺"。

5. 减少旷课。上课几乎不点名，且对于迟到、睡觉等行为有严格的"惩罚"措施，可是旷课的学生却并不多。一方面是由于教师注重课堂的氛围塑造，利用现代信息技术与教育教学融合，提高课堂的创新性、挑战性和高阶性，吸引更多的学生回归课堂；另一方面是教师注重课堂互动，且班级规模在不断变小，任何一位学生都可能被提问或要求参与讨论，起到了点名的效果，从而有效减少了旷课的发生。

（四）重拾"戒尺"的实践

我在教学工作中，为了杜绝一些不良现象的发生，引导学生回归课堂，制定了如下"戒尺"规则。

1. 惩罚迟到。上课铃声结束后，迟到的学生必须从前门进入教室，将自己的姓名、班级和学号等信息写在黑板上，成为该节课的重点提问对象。如果问题回答正确，则将信息擦掉；如果回答不正确，则信息在黑板上一直保留到下课。这个办法的实施，杜绝了班级里的迟到现象。

2. 应对不按时交作业情况。很多授课教师反映学生会在每次上课的第一节课不认真听讲，在座位上写作业或者抄作业，这样带来的后果是，新内容没有听到，作业也未能有效完成，形成恶性循环。针对这种情况，我们要求学生提前准备好作业本，走进教室时就将其交到讲台上，绝对不允许课间交作业，更不允许学生以忘记带作业等理由推迟交作业。对于违反规定的学生，直接扣除部分平时成绩。

3. 上课绝对不允许看手机。我们在制定规则时会问学生："手机是不是爸爸妈妈帮忙买的？"大部分学生都回答"是"。于是我们规定，上课时，只有想念爸爸妈妈时才可以看手机，否则上课看手机一旦被发现，必须将所看的内容读给全班学生听。这一看似诙谐的规定，学生都会严格遵守。来听课的教师会很惊奇地询问："你把学生的手机收掉了吗？怎么没有一位学生在看手机！"

4. 杜绝课堂睡觉。学生在课堂上睡觉有两种情况，一种情况是课堂讲解枯燥乏味，让人昏昏欲睡，这种情况责任不在学生，而应该提醒任课教师调动课堂气氛，让学生活跃起来，让课堂充满乐趣。另外一种情况则是学生学习态度不端正，为了防止教师点名才来到课堂。为了避免学生上课睡觉，我们除了让课堂更加生动有趣外，还跟学生一起算了一笔经济账，让学生用缴纳的学费除以课时数，计算每节课睡觉等同于浪费了多少钱，让学生切实感受到在课堂上睡觉"成本"太高，并产生强烈的愧疚感。同时还规定，如果有学生想睡觉，那就站到教室的最后一排听课。由于"戒尺"高悬，在我们的课堂上，看不到一个睡觉的学生。

这些"戒尺"，看似严格苛刻，可能会让一些人持有反对意见，但细想这些规定都是最为基本的要求，教育的过分多元化、宽松化，让学生本该遵守的规则变得似乎没有人情味，但若照这种趋势继续发展下去，则不利于教育的健康发展。

（五）重拾"戒尺"的效果

在讲授基础课程时，我也曾担心自己对课堂教学要求过于严格，让学生反感。然而，出现的结果是学生的出勤率不但没有下降，还常常能达到100%。通过与学生谈心交流得知，学生非常尊重并喜欢对课堂高标准严要求同时又能够严以律己的老师，他们非常理解这些老师的苦心，更懂得"有规矩才能成方圆"的道理。

实践发现，如果在大学的第一个学期就采用严格的课堂规定结合"戒尺"惩罚，会更容易被学生接受和认可，让他们在整个大学期间受益。如若第二学期再重拾"戒尺"，此时如果学生已经产生了散漫心理，面对严厉的"戒尺"，容易产生抵触情绪。多年的教学经验表明，当课程进行到第四、五个星期后，学生们才会慢慢适应，交作业不再拖拉，上课不再缺席，完全自觉地遵守课堂纪律。与学生课后交流获得的反馈信息是：老师都是为了我们好，虽然看似很"凶"，但都是因为我们做了不该做的事情才会受到老师批评的。由于课堂秩序良好，学风正气，形成了积极向上的班级氛围，会带动更多学生回归课堂。学校教务网站的学生评价系统也充分说明了学生对于教师高举"戒尺"的理解和感激。文字评教中，部分学生的留言一致认为："老师上课充满激情，是高度认真负责的好老师"。看到学生的评价，我们感到非常欣慰。爱学生，就要严格要求学生，他们终究还是一些刚刚长大的孩子，需要建议、引导和约束，如此才能在人生的道路上走得更好。

"严师出高徒"。学生在校园快乐生活的同时，也要接受"戒尺"至善之道的约束，让我们的教育回归本真。在每个人的成长历程中，留给我们深刻记忆并让我们终身受益的恩师，大多是那些严格要求我们、管教我们的老师。时代在变，是非曲直的道理不变。由于教师是从为学生全面发展的角度提出的严格要求，因而学生能够理解教师的良苦用心。也许笔者的部分观点还值得商榷，但鉴于教学经验总结和个人感悟，我仍想呼吁一声：教师重拾"戒尺"，让更多背离课堂的学生回归课堂。

五、强化归属感

归属感，本义是指个体与所属群体间的一种内在联系，被团体认可和接纳时的一种感受。从心理学上来看，归属感能够让个体在群体中感到心理上的认同和安全感，形成较强的责任心和自信心，提升自身生活的幸福指数和荣誉感。

学生背离课堂的原因多种多样，要让其产生归属感，应对措施也需要多管齐下。比如应对学生背离课堂现象，采用借鉴化学原理、"旋涡效应"原理、激情互动课堂教学模式、教师重拾"戒尺"等诸多措施，已经有效使一部分学生回归课堂。如果对这些措施进一步剖析会发现，对学生进行思想政治和心理上的干预，通过内因起作用，才有可能根治大学校园普遍存在的学生背离课堂的问题。虽然对学生进行心理干预的方法有很多，但是强化学生的归属感，无疑是最有效的策略之一。

在开展问卷调研、面对面沟通及实践总结等工作的基础上，我结合十几年的教学实践工作经验，针对如何强化学生的归属感以及针对该问题采用的措施所产生的效果进行了系统研究，总结了强化学生归属感的有效途径，这些措施已经过多次实践检验，均行之有效。

（一）强化归属感的实施途径

1. 激发爱校热情

在教学理念层面，注重对学生的人文关怀，通过对学生爱校情怀的培养、积极寻找有利时机、探索多种途径、激发爱校热情来强化学生的归属感。

比如，在开学典礼和毕业典礼等重大仪式上，突出"今日我以母校为荣，明日母校以我为荣"等爱校情怀。同时，在课堂教学中用显性的语言经常向学生表达该理念，学生都能够欣然接受并会付诸实践行动。此外，通过学校开展的各项活动，如迎接学校接受教学评估检验之际，提醒学生自己是母校的一分子，代表的是母校学子形象，要清醒地意识到自己的一言一行对学校的影响。学生对教师的观点表示非常赞同，即使那些课堂上容易溜号的学生，也开始积极表现，学习态度更加认真，大有"定为母校争光"的态势。虽然还没有到期末考试环节，但课堂问答的正确率已经明显好于往年。以学校刚刚完成的课堂训练成绩为例，平均分数明显好于往届学生的测试结果。

2. 享受课堂乐趣

充满激情的课堂，不仅可以让学生学到知识，更能让学生感觉听课是一种精神享受。这类课堂要求授课老师认真备课，积极互动，尽量让学生在轻松愉悦的学习氛围中掌握知识。

容易受外界干扰是年轻人的本性，适度贪玩也是青春活力的一种体现。如果能够让学生在"玩"中学，在学中"玩"，感受课堂的活力，享受知识带来的乐趣，对课堂产生亲切感、眷恋感，无疑会使他们从心灵深处对课堂产生归属感。在我的课堂上，几乎每位学生都能够认真听课，积极投入课堂学习中。最终的效果可以从期末考试成绩中直接反映出来，试卷分数在平行班级中名列前茅。从近几年学生评教的文字表达及分数也可以发现学生对课堂学习非常热爱，他们享受着全身心投入学习带来的乐趣。

3. 及时认可鼓励

对于背离课堂的学生，教师要给予格外关注，尽量创造问答机会给这些学生，并及时给予认可和鼓励。曾经有一名学生，因高中阶段选修的是物理，因此化学基础薄弱，产生了厌学化学的念头。于是，课堂上教师用"化学学到最后是物理，物理学到最后是数学"这一观点帮助该生树立信心，鼓励他只要努力一定会比高中选过化学的学生学得更好。经过对该生一学期的关注，该生课堂表现极其认真，果然在期末考试中考出了优异的成绩。对学生的及时认可与鼓励，能够强化学生的自信心，进一步激发学习热情。

4. 赋予团队地位

个别学生背离课堂的原因，是在团队中缺乏归属感，没有准确找到自己的位置。这类学生出现的概率很少，一般是2～3个班级中才会出现一位这样的学生。对于这类学生，应该尽量创造机会，激发学生的学习兴趣，发挥学生的主观能动性，让这类学生感觉自己是团队中不可或缺的一员，从而获得强烈的归属感。通过努力，可以让每位学生都处在班级活动或课堂教学的主体地位，以此培养学生的主体意识，提升其主体地位，塑造其主体人格。

5. 优点结合课堂

每位学生都是独一无二的个体，拥有自己的优点和特长。如果用心去发现背离课堂学生的优点，把他们的优点与课堂教学内容相结合，无疑会强化这些学生的归属感。比如，有一位学生的语言表达有天赋，却不踏实学习功课，针对这种情况，教师安排了一个环节，让该生自己事先做好预习并在课堂上予以讲述，让这位学生在课堂上找到了存在感，大大提升了该生的学习兴趣，成绩明显提高。

6. 把握有效时机

强化学生的归属感，要把握有效时机，这就需要教师不断提高自身的素质，找准课堂问题的切入点，能问到关键点上。当学生在课堂上流露出迷惘的神情，思维受阻时，如果教师果断采取措施，对症下药，就能及时帮助学生扫除学习障碍。教师应灵活地根据教与学的发展情况，把握好课堂提问的有效时机，让学生与课堂知识融为一体，避免学生产生无所适从的感觉。比如，在讲授"现代基础化学"中温度对平衡常数的影响这一知识点时，由于这部分知识相对于之前的浓度、压强及催化剂等因素对平衡常数的影响来说有一定的难度，所以可以采用教师引导、学生执行的方式进行推导，并请学生到讲台上讲解如何推导公式以及如何领悟该部分知识点。这种教学方式，让学生在攻克难题的同时，又获得了归属感。

7. 强化归属心理

背离课堂的学生对课堂产生归属感，是学生回归课堂的良好开端，此后还需要教师对学生的归属感及时加以强化，避免再次出现心理上的波动和背离课堂行为。因此，对于那些背离课堂的学生，教师要持久关注，多创造机会，强化其归属感，帮助他们树立远大理想和目标。教学规律已证明，对背离课堂学生的关爱需要持之以恒，特别是回归初期，更要密切关注，不断强化。

（二）强化归属感的实施案例

1. 个体案例

学生背离课堂是国内外普遍存在的现象。在调研过程中，曾有多个非常典型的背离课堂的学生，我们通过多种措施并用的方法使他们对课堂产生了归属感，成功实现了课堂的回归。他们有的以丰硕的科研成果完成了研究生学业，并高薪就业；有的退学后又重新回到学校学习，顺利毕业；

有的不仅爱上了学习，而且热衷于科研，出国深造，走上了学术道路。

其中，有一名学生从小被家人溺爱，进入大学后开始对自己放松要求，上课不认真听讲，课后更是懒散，而且迷恋上了网络游戏，成绩越来越差，一学期有多门功课不及格。周围学生对这名学生有偏见，平时相处不融洽，使这名学生变得有些自卑甚至有些孤僻。面对这种情况，教师绝不应该放弃对这名学生的培养，而是应该认真观察、思考，寻找策略。通过接触，我发现这名学生非常聪明，很有思想，只是不爱敞开自己的内心世界。因此，教师们设计并实施了几步策略：一是在班集体活动中，设置专门的智力通关游戏，让这名学生与其他学生合作并大显身手，使该生获得了集体认同感；二是以这名学生喜爱的科目着手，与任课教师沟通，及时给予认可，期末考试中，这名学生的各种成绩变得非常优异；三是利用授课的便利，对这名学生加以关注，及时鼓励，让他充满信心，对校园生活和课堂产生强烈的归属感。后续对这名学生的培养工作也开展得非常顺利，不仅自己努力读书，弥补了不及格科目，顺利考上研究生，而且他积极的行为影响了周围的学生，使有背离课堂倾向的学生也积极地回归了课堂。

2. 班级案例

在班导师的管理工作中，通过强化归属感的方式，让两种不同情况的班集体变得更加优秀。其中一个班级，班导师通过了解每位学生的个人情况，使学生在入学之初便有了归属感和奋斗的方向，带来的效果是学生以班为家，团结上进，多次获得学校优秀班集体的称号，班里60%的学生获得了奖学金，100%的学生按期毕业并顺利就业，且大部分学生出国或保送研究生，继续深造。还有一个班级，40%以上的学生有不及格科目。对此班级，班导师从"爱"的角度入手，帮助这些学生找到了课堂学习的归属感，通过一个学期的努力，该班级的不及格率从原来的40%以上降低到

10%以内。这些成功的案例，不仅丰富了我教书育人方面的经验和教学理论，而且这些案例多次在学校范围内被介绍，得到了很好的反响。

（三）强化归属感的育人效果

上述几种强化学生归属感的途径，是在充分调研的基础上获得的结果，并得到了多年教学实践的验证，这些措施取获得了令人满意的育人效果，有效实现了一些背离课堂学生的回归。这些学生回归课堂后，学习、生活等诸多方面均发生了明显变化。

1. 摒弃旧习。原本在虚拟世界寻找认同感的学生，改变了原有的不良学习和生活习惯。在担任班导师的班级中让学生找到归属感，没有一位学生沉溺于网络游戏；在授课的班级中，多位学生重新获得了归属感，端正了学习态度，远离了网络游戏。

2. 回归课堂。学生对课堂有了归属感，会更加喜爱课堂，而在课堂上学到知识，又会增强自信，形成良性循环，最后真正实现课堂回归。

3. 胸怀远志。正确的环境产生了归属感，会激发人体内的潜能和奋斗的热情，促使学生对未来充满信心，树立远大理想。

4. 示范效应。原本背离课堂的个别学生回归课堂，会对其他学生产生良好的示范效应，激励周围同学努力上进，并对有背离课堂倾向的同学起到预警作用。

大到国家，小到企业、班级，都非常注重强化人的归属感。多年来的教学实践工作及教学规律研究结果表明，强化当代大学生的归属感，让学生在课堂上处于主体地位，在校园生活中有家的感觉，能在班级群体生活中作为不可忽视的一员，有助于让背离课堂的学生摒弃各种负面心理因素，提升自信心和责任感，由内而外产生强烈的个体归属感，对于实现背离课堂的学生有效回归正常学习生活具有重要意义。这种由内因干预，通过强化归属感引导学生回归课堂的工作思路供同行参考和借鉴。

教育锦囊

✿ 与网络游戏PK，赢回学生

学生玩网络游戏是高校普遍存在的现象，也是高校学生工作的一个永恒难题。前文我提到了六种解决方法，若再进一步凝练就是："逐个突破、重点攻克"。从家长、学校及周围同学、朋友等多角度施压，瓦解打游戏的风气。与网络游戏作斗争，坚定信念很重要：精诚所至，金石为开，没有拉不回的学生。

✿ "黑脸先生"反受尊重

作为一名教师，要去爱学生，但绝对不可以纵容学生。大学生已经到了明是非的年龄，教师严格要求学生的初衷是完全能够被理解的。我对学生一直讲的是："宁可让你现在恨我太严，也不能让你十年以后恨我放任不管。"教师在严以律己的基础上，做一个课堂上的"黑脸先生"，不仅可以显著提升教学效果，并且更能赢得学生的尊重。比如，应对学生迟到，我的做法就是规则明确，坚决执行。第一节课上，我就会强调迟到的处罚规则：迟到的学生从教室的前门进来，把姓名、班级、学号信息写在黑板上，成为课堂提问的首选对象。如果提问回答正确，则将相关信息擦掉；如果不正确，则一直保留。因规则制定在前，第二次上课学生如有迟到，我仍然坚决执行这个规定。从第三次课开始，学生迟到的现象往往就不再发生了。

✿ 优秀可以多次方

一个班级形成正能量"旋涡"非常重要，如果同学们平时聊天的内容都充满正能量，对于促进学生进步便大有帮助。我的做法是：先找到班级里几位有影响力的学生，比如班干部，让他们每个人"承包"几位同学，带领他们共同进步。同时，我会创造几位同学之间产生竞争的机会，让他们彼此"比、学、赶、帮、超"，最终让"优秀"成为习惯，"旋涡"加速运转，就可以实现"优秀多次方"。

✿ 不及格班级的涅槃重生

对于有较多学生不及格的班级，产生问题的最主要原因是班风不好，学生没有把学习放在首位。针对这样的班级，很多老师的做法是开班会，进行批评教育，收效却并不理想。我曾接手过一个成绩并不理想的班级，我的做法是：①仔细研究学生的个人资料，找到具有代表性的学生而后详细了解每一位学生的情况；②组织召开一次班会，不是批评会，而是"赞扬激励会"，认可同学们的长处，特别是一些成绩不理想、自信心又不足的学生，让他们在班级中找到存在感；③以"手拉手"的方式实现学生的"结对"帮助；④对于班级学生普遍学习困难的学科，由我出面请任课老师作辅导。如此"多管齐下"，切实解决班级存在的问题，让学生感受到老师是在真心地帮助他们。同时，我还积极挖掘进步典型，及时予以表扬，以此激励其他学生加倍努力。我坚信，对于学生管理，只要有付出就会有收获，不及格班级同样可以涅槃重生。

2
倾心课堂

教师进行劳动和创造的时间好比一条大河，要靠许多小的溪流来滋养它。教师时常要读书，平时积累的知识越多，上课就越轻松。

——苏霍姆林斯基

知教育者，与其守成法，毋宁尚自然；与其求化一，毋宁展个性。

——蔡元培

课堂是教师教学的第一战线。唯有热爱课堂，教师才能倾注心力，不断去思考分析并且细致地去打磨课堂教学，将教育教学的育人作用发挥到极致。

专业课教学是传授学生专业知识和技能的主要途径。锻炼学生的综合素质，提高学生解决实际问题的能力，是专业课教学的主旋律。良好的专业课教学效果，对学生在该领域的发展具有非常重要的作用。

随着全球一体化步伐的加快，社会对专业科技人才的需求日益增加，对高校专业课教学也提出了更新更高的要求。专业课教学如何适应新的形势，综合提升学生的专业素养，是一个值得深入研究、探讨的课题。

我们对应用无机化学课程进行了多年的改革与实践探索，下面以该课程为例，谈谈新形势下如何完善专业课教学，培养符合新时代需求的社会英才。

第一节　萃取课程内容

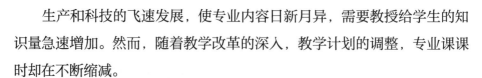

一、内容与课时形成矛盾

生产和科技的飞速发展，使专业内容日新月异，需要教授给学生的知识量急速增加。然而，随着教学改革的深入，教学计划的调整，专业课课时却在不断缩减。

作为化学类专业的一门专业课，应用无机化学课程遇到同样的问题。该课程内容博大精深，教学课时却明显不足，目前仅有32学时。现今，在削减课程学时，提高效率的政策引导下，课程学时不足是授课教师共同面对的问题。面对这样的挑战，需要授课教师在有限的课时内解决好"讲什么"和"怎么讲"的问题。

在长期的应用无机化学课程教学实践中，我们摸索出了一些应对专业课教学内容增加而课程学时却缩减了这一矛盾的应对办法。

二、有效撷选课程内容

"讲什么"是专业课教学首先要解决的问题。课程内容不仅必须符合教学目标，而且要与时俱进，适应社会进步和科技发展的需求，为社会培养合格的专业技术人才服务。目前，可用于应用无机化学课程的教材有多种版本，内容繁多，有的强调理论，有的注重生产实践，各有所长。面对丰富繁多的专业课内容，如何加以撷选是开设好专业课的第一步。

为了确保在有限的学时内，将最核心的专业知识传授给学生，应用无机化学专业课参考了多本教材及众多的国内外文献资料，并充分考虑"生产生活""科研成果""学科前沿"这三部分内容的比例，全局考虑安排课程讲授的内容，保证课堂的知识容量。

课程内容撷选的原则如下。

（一）密切联系生产生活

大学生学习专业知识是为了学以致用，为日后参加工作奠定专业基础，同时培养分析和解决问题的能力。大学生毕业时存在深造和就业的双向选择，对于即将就业的学生，他们希望能够通过专业课的学习，掌握更多的新知识、新方法、新思路，使自己具备更多的就业优势，为更好的职业发展打下坚实的基础，这部分学生非常关注专业课内容的实用性。在对应用无机化学课程内容进行撷选时，"无机化学在精细化工领域中的应用"一章，就是与实际生产生活紧密相关的内容，学生在学习该部分知识时，既有对未知知识的新奇感，又能感觉到内容贴近生活，从而实现理论知识与实际应用的有机结合。

（二）教学科研积极互动

科研成果的特点是对前沿科学问题的探讨和对现有技术的改进和提高，具有很强的创新性和探讨性，能够反映专业课所属领域的最新研究成果。授课教师将科研工作的成果和体会讲给学生，有助于提高课堂教学的生动性和趣味性，有利于开拓学生的专业思维，使学生对专业知识的内涵有更深刻的理解，感受到所学的知识不是单纯抽象的概念，而是我们身边正在进行的科学研究，距离自己并不遥远。比如，应用无机化学课程中的"无机光、电、磁材料及其应用"章节中的一部分内容就是我所带领的课题组取得的科研成果，讲解时得心应手，学生在对专业课题的研究过程中也感同身受，很好地实现了教学与科研的互动。

（三）准确把握学科前沿

通过介绍学科前沿进展，可以丰富专业课的知识体系，激发学生学习的积极性，帮助学生了解该领域的尖端科技和研究热点，拓宽学生的专业视野。比如，那些希望继续深造的学生，就尤其渴望了解本专业最前沿的科学知识、研究的热点课题和学科未来的发展方向等。在应用无机化学课程中，我们探讨了"无机纳米材料及其在高科技领域中的应用"，具体介绍了纳米机器人、纳米器件的制备及其在生物、医药等领域的应用进展，这些前沿知识的讲解，有助于希望继续深造的学生更好地选择今后的研究方向。

三、积极应对课时不足

解决好"讲什么"的问题后，还应该在"怎么讲"上着力，才能较好地解决课程内容增加和课程学时不足之间的矛盾，获得理想的教学效果。我们结合多年的专业课授课经验，建议采用以下几种应对措施。

（一）改变传统教学模式，注重课堂辐射效果

传统的教学模式，过于强调教师的讲解，忽视学生创新意识的培养和专业思维空间的拓展。在这种教学模式下，虽然每节课都在讲授专业知识，但这些内容往往只局限于"讲"与"受"，课堂辐射拓展作用并不大。要获得更好的专业课授课效果，可以采用多种模式并用的专业课授课方式，注重课堂内容的辐射作用和"抛砖引玉"的效果。

专业课教师作为课程所属学科领域的引路人，不仅要对所讲授的专业课内容非常熟悉，而且还要在教学方式上加以创新，积极听取学生反馈的信息，了解学生在专业课学习中的困惑，不断丰富课程内容和专业内涵，实现教与学的相互促进、相互激励。在应用无机化学课程授课过程中，除教师讲授外，针对课程的部分内容，我们还采取了专家讲座、小组讨论、课外兴趣实验等教学模式，扩大了专业课学习的时间和空间，起到了很好的课堂辐射效果。

（二）强调学生主体地位，引导学生自主学习

现有的教学模式中，教师在课堂上系统地讲授自己精心准备的教学内容依然占据课堂的主导地位。在此过程中，如果不顾及学生的情绪和思维，学生没有自由思考的时间和氛围，久而久之便容易形成依赖教师和课堂笔记的习惯，对教师所讲授的内容不加批判、不加思考地全部接受。这

种传统的教学模式，忽视了对学生自主学习的引导，不利于学生主动、自觉地学习。

事实上，在教和学中，讲授虽然起着重要的指导作用，但终究不能包办代替学生学习。教师是传播知识的载体，传道、授业、解惑是教师的职责与义务，但如果没有学生积极主动地"学"，有意识地获取知识和提高运用知识的技巧，"教"也很难获得成功。我们在教学过程中会采用问卷调查、课后交流等多种沟通方式，了解学生学习这门课程的目的、感兴趣的内容、期望学到的知识及今后的发展方向等，根据学生反馈的信息调整授课内容和方式。

另外，在实际生产生活中，没有一成不变的生产运行模式，学生必须有足够的思考空间，能够根据实际情况，采取最适合且有效的解决办法。专业课教师的作用还在于通过积极的引导，给予学生足够的思维空间，充分调动和发挥学生的主动性，启发学生去刻苦钻研，激发其对专业课学习的兴趣，使教学效果实现质的飞跃。同时，在教学过程中还可以增加学生了解教学过程的环节，比如让学生针对某一专业问题站在讲台上发表自己的认识和观点，通过短时间的教学互换，学生可以亲身感受到课程的主体地位。这不仅可以帮助学生了解教学程序和认识知识积累的重要性，还可以融洽教学关系，增进师生之间的感情。

（三）强调专业性，淡化系统性

专业课涉及的知识面广、教学内容多，但因课时不足，授课内容无法面面俱到。面对这种情况，授课教师应强调课程的专业性，淡化其系统性。在课堂上教师如果讲得过多过细，过于强调知识的系统性，没有给学生留下思维的空间，会在很大程度上限制学生的智力发展和创造思维的形成。因此，要根据相应技术领域的发展趋势和技术需求，"以点带面"式地选择专业课教学要点；根据专业特色、内容重要程度和各部分间的相关性，对教学内容进行合理规划。

授课教师必须对课程知识点深入理解，提炼出精华所在，然后以简练的语言、生动的形式表达出来。满足时代要求和社会需求的专业课内容，不需要过于强调知识的系统性，而是在注重教学计划和大纲要求的同时，反映专业现状和最新科研成果，探讨一些触类旁通的专业问题解决办法。比如，在讲解固溶体的制备方法时，向学生重点介绍导电ZAO粉体的前驱体制备工艺，该工艺还可以类推到其他无机纳米材料、抛光材料、催化材料等功能材料的制备，具有很强的工业可行性。

（四）努力营造真实场景，抽象原理会更加直观

专业课实践性强，抽象概念多，设备及工艺流程等复杂多样。这些内容在课堂上教师如果不能够很好地表达，很容易使学生陷入"见物不见人"的境况，达不到预期的教学效果。然而，专业课堂不可能设在生产现场或者研究现场，也不可能把所有的课程内容都通过专业实验来完成。鉴于此，我们可以**利用多媒体技术或在授课现场播放纪录片和实验演示录像等，充分发挥专业课内容"实用性"和"实践性"的特点**，给学生营造一种亲临现场的专业技术学习环境，引导学生的专业理论学习，使抽象的原理更加直观化。

（五）充分利用网络资源，加强国际交流合作

专业课教学可以充分利用网络资源，通过专业课程网站的建设，弥补课时不足的局限。教师可以将课堂上容纳不下的知识内容放在网站上，供学生自学时参考。同时，也可以提供一些专业资源网站的链接，为学生寻找资料提供便利。

另外，专业课教学不能仅局限在与国内的兄弟院校之间进行参考对比，还应放眼国际，加强与国外知名院校之间的交流与合作，向国外教师

学习先进的教学理念。教师可以通过网络调研、交流互访等方式，了解国外同类课程开设的形式、内容及教学效果，汲取国外的先进经验，在努力实现教育国际化的同时，缓解专业课内容增加与课时不足之间的矛盾。

（六）改变传统考核方式，深化课程教学效果

学生在应对传统的专业课考试时，有的课程甚至只要牢记一些概念或者原理，就可以取得不错的成绩。这种考核方式并不利于学生专业技能的活学活用和创造性思维的培养，更不能够缓解课时不足的压力。现今，专业课内容具有时代特征，考核方式也应多样化和灵活化，考核重点应放在运用专业知识分析问题和解决问题的能力上。教师应尽量不以传统的考试作为课程结束的形式，而是要将课程考核作为课程时空的延续和专业内容的进一步拓展。

在应用无机化学课程考核中，我们尝试将演讲答辩作为课程考核方式的一个部分，即在完成专业课授课工作后，由学生根据课程要求自选题目，通过查阅资料，写出调研总结报告，进行课程答辩，再由教师给出考核成绩。这种考核方式，不仅拓宽了课程的时空和内容范围，授课教师也可以及时了解学生对专业知识掌握的程度和学习的兴趣所在，有助于教学的进一步完善提高。

我们开设的应用无机化学课程，具有很强的应用性和实践性，通过多种方式并用，较好地解决了内容多与课时不足之间的矛盾，使学生对丰富的应用无机化学知识有了足够的理解和掌握，实现了课程的教学目标。对于那些理论性特别强的专业课，上述方法或许不能够很好地解决两者之间的矛盾，还有待于更多同行专家共同探索新的解决途径，寻求最佳的应对办法。

第二节 优化教学过程

学无止境，教亦无止境。如何让经典课程绽放新的光芒，如何开设新的课程，是高校课程建设的永恒主题。

以无机化学为例，无机化学是化学学科中发展最早的一个分支，知识广博而经典，理论实用性强。随着社会的不断进步，无机化学正在发挥越来越重要的作用，社会对无机化学人才的需求也在不断加大。然而，目前各高校开设的无机化学课程内容几乎全部属于基础无机化学范畴，主要强调理论和计算，涉及无机化学实际应用的内容很少，这难以全面反映无机化学在现代科技发展中的重要地位。此外，有些学生片面地认为无机化学应用面窄，继续攻读无机化学专业毕业后工作难求等，导致无机化学这一传统而又经典的专业，在研究生报考时受到了部分学生的"冷落"，在一定程度上影响了无机化学专业人才的培养。

针对上述情况，2007年春季，我们面向本科三、四年级学生开设了应用无机化学课程，目的是让学生充分了解无机化学经典理论在工农业生产和日常生活中的具体应用，激发和培养学生学习无机化学的兴趣和积极性，拓宽专业知识面，提高学生的综合素质。最初，仅有49人选修该专业课程，随后选修人数逐年增加。之后的几个年度，选修人数分别达到146人和174人，甚至一度超过200人，学校采取小班化教学后，本课程更是成了学生抢课的重点对象，学生对授课内容安排及课堂效果等方面都给予了很高的评价。

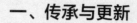

一、传承与更新

　　科学技术日新月异，学科新知识不断扩充。为适应高等教育发展新形势，实施人才发展战略，以满足学生对学科知识体系的理解和掌握要求，适时地对课程教学内容进行传承与更新，是每一位专业课教师的责任。应用型专业课同基础原理课相比，具有更加明显的时效性，更为严谨的理论逻辑性和更为鲜明的教学内容特色，对任课教师提出了更多的要求。

　　以应用无机化学课程为例，我们对新形势下教学内容的传承与更新进行了探索与实践。无机化学经典理论底蕴丰厚，教学内容的载体随着科技的进步和发展而不断更新，应赋予其新的内涵。然而，在当今高新技术飞速发展的大环境下，如何在传承经典理论知识的基础上更新和拓展教学内容，如何深化理论知识体系，让学生及时把握学科前沿，做到与时俱进，是我们一直努力的目标和方向。纵观应用无机化学课程开设的这十余年，每届教学内容都较前一届有较大幅度的更新和改进，这是课程取得良好教学效果的重要原因之一。

（一）经典传承

　　应用无机化学课程立足于无机化学的经典理论，通过生产和应用实例，结合现代先进技术和科研成果，将无机化学的经典理论进行升华和延伸，强化学生的感性认识和理性认识，让学生切身体会到无机化学的精彩与奥妙。这些传统的理论精粹，是无机化学学科知识体系中不可或缺的一部分，在教学内容更新时，我们完整地保留了这部分知识，并且注重知识脉络体系的完整性。对于无机化学中的配位化学、无机晶体理论、无机材料特性、生物无机化学等经典内容，我们均通过教学实例加以阐释和深化。

在传承无机化学经典理论时，我们主要遵循如下原则。

1. 知识脉络清晰完整

在课程教学内容设置之初，我们便明确了课程重点阐述的理论体系。虽然教学内容和授课方式在不断更新，但最核心、最精华的知识体系依然予以保留。在教学过程中，我们着重把握章节的重点与难点，兼顾知识的系统性、完整性，力求做到教学目标明确、重点突出。同时，通过结合实际应用案例，优化教学方法，彰显无机化学的独特魅力，进而激发学生浓厚的学习兴趣。

2. 综合运用经典理论

将相关理论知识进行综合运用，是目前教学的一大发展趋势。我们努力将尽可能多的理论通过一个教学案例加以阐述，或是创设情景教学，向学生提供生动具体的教学场景，与学生共同梳理、归纳理论知识，引导他们进行有效联想和反思，从而使课程灵活而富有新意，避免呆板、空洞的说教。在无机化学的教学中，融入教学案例或引入具体情境，可以将理论知识简单化、通俗化，便于学生理解、掌握教学重点。

3. 教学环节自由灵活

基础教学往往要求教学内容环环相扣，否则会打乱教学方向，致使后续内容无法延继，而应用型专业课程不存在这一问题。教师在课堂教学的实施上可以自由发挥，无严格的时间顺序，不受教学章节束缚，只要在确保知识脉络清晰的条件下，注重知识点的融会贯通，课堂内容连贯、章节过渡自然即可。

4. 赋予经典新的内涵

在教学经典内容传承过程中，我们要敢于质疑，不迷信某一权威认识或局限于传统的理解，而是用更为开放的思维去面对传统的理论。教师应在传承经典理论的同时，赋予其新的内涵，拓展学生的多元化思维，促进课程教学内容的更新，推动经典理论的发展。

（二）内容更新

应用型专业课不同于基础课程，其内容必须时时更新，反映学科前沿，从而保证课程的先进性和时代感。对于课程内容的更新，可能很多教师都认为自己已经做到了，事实上，应用型专业课对内容的更新要求更为严格苛刻。另外，授课者的亲身感悟，对于提高课堂教学效果尤为重要。

我们有这样的体会，在讲授课程内容的过程中，将自身对生产和科研的感悟穿插其中，有助于帮助学生更深刻地理解教学案例。同时，我们注重加强实验教学环节，培养和锻炼学生的实践能力，以激发他们的学习兴趣，启迪他们的拓展思维和原创能力。

在科技迅猛发展的今天，科研成果应为大家所共享，将这些新知识转化为教学案例穿插于我们的课程教学中，意义重大。比如，大家都比较关注电磁波的污染问题，我们便尝试利用无机导电粉体作为功能填料制备电磁屏蔽涂料，让学生在实验操作、整理检测数据的过程中切实感受知识的实用性（见图2-1）。

图2-1 教学与科研相长，课堂上分享科研成果

为了做好课程内容的更新，我们非常注重以下几个方面。

1. 以科学研究实例促进教学

师者，传道、授业、解惑也。在科技信息日新月异的今天，教师需要加强自身建设，更需要接受科学知识的源头活水，如同"打铁先得自身硬"才行。我同其他教师在进行教学工作的同时，深入企业，走进生产第一线，积极开展科学研究，为企业解决了很多实际生产中存在的问题。在应用无机化学课程的教学过程中，我们会适时地引入真实的、有说服力的应用无机化学实例，让学生在理论与实践的联系中理解和掌握知识，跨越课堂上只空洞叙述无亲身体悟的局限，增强了师生之间的共鸣。

2. 科研成果及时向教学转化

现今高校培养人才，都将提高学生的综合素质放在了重要的位置。我们在开展应用无机化学课程的教学工作时，及时跟踪无机化学的最新应用研究进展，特别强调将无机化学领域最新的研究成果引进课堂，虽然这些技术暂时还不能够转化为生产力，但它是科技进步的潜在能量。比如，2010年《自然》杂志的子刊上发表了关于磷酸银光解水制备氧气的文章，虽然这一成果还不能够立即替代现有的空气分离制备氧气的技术，但是这一成果为氧气的生成提供了一种新的途径。

在多年的教学生涯中，我们发现，应用型专业课教学内容滞后于生产科研的现状，将导致学生择业时对前沿知识和技术一无所知，知识面狭窄，影响就业和继续深造。我们在教学过程中，密切关注本学科的发展前沿，从国内外的科学研究动向中提取精华，捕捉课程相关信息，将其应用至课程教学中，这样对于激发学生的学习和科研兴趣，提高学生的创新精神与实践能力，同样具有积极作用。

3. 用最新案例诠释经典理论

事物都是在不断变化和发展的。在教学过程中，教师要注重用发展的观点分析和解决问题。有时面对一些比较晦涩难懂的理论问题时，要通过一些具有时代特色、学生容易接受的教学案例予以解释。案例要求内容鲜活，紧扣课程教学实际，揭示问题的本质，蕴涵事物发展的规律，能够启迪学生思考，具有教育和应用教学价值。在传承与更新经典理论时，我们特别注重案例的实效性，做到了经典理论在传承，载体案例却年年更新，以发展的观点去认知知识理论。正因为内容的不断更新，所以应用无机化学课程不像有些课程那样，只要取得往届学生的课堂笔记，就等同于拥有了今年课程的精华。

4. 邀请专家补充热点信息

应用无机化学课程一直传承无机化学的经典理论，没有失去经典的特色。在教学过程中，我们坚持"只有亲身体验，才能理解深刻；感悟最深，才能讲授得最精彩透彻"的原则，力争每一节内容都涉及最新科研成果、当今社会热点问题或实际生产生活中存在的难题，尽最大努力提高学生运用知识的水平和解决实际问题的能力。当我们遇到拿捏不准的内容时，会邀请专业的教师或专家进行协助，为课程内容注入新鲜的元素。比如，有关无机纳米材料中的量子点部分，我们邀请专门从事该研究且在国际相关领域具有重要影响的教授进行讲解。

5. 教学呈现方式不断更新

教学的目的是揭示知识内涵，促进学生的专业发展，引导学生实现自主学习。因此，我们的课程教学模式在采用教师讲解之外，还努力设立信息化、开放性的学习平台，增加探究性实验环节，让学生尝试用自己所掌握的理论独立进行实验设计，拓展学生的创新思维，提高其实际操作能力。同时，我们非常重视教学的双向评价机制，密切关注学生在学习过程中遇到的问题，及时修正我们在教学过程中出现的疏漏。我们在转换授课模式时遵循的基本原则是：以科学探究及应用实践为突破口，促进应用无机化学课程教学模式的更新与发展。

6. 课程内容与国际同步

我们所开设的每一门课程，在国内外其他学校都可以找到相同或相似的课程。我们要充分利用互联网上的资源，认真学习其他高校的视频公开课或找到与课程相关的共享资源，如慕课（MOOC，massive open online course）等，并进行本土化处理；密切关注学科前沿领域，特别是要关注领域内顶级的学术期刊，实现国际科研热点向教学一线转化；结合产业最新进展，建立课程案例库。多举措并行，使我们的课程教学内容时刻与国际同步。在应用无机化学课程内容的更新过程中，我们及时了解国际课程动态，将最新的内容加以补充。

（三）实施要点

在注重经典知识体系完整的前提下，更新课程教学内容，要掌握好衔接度，所融入的前沿科技知识与教学内容必须紧密相关；反之，会出现知识体系的混乱。在采用教学案例诠释经典理论时，所运用的案例内容须具有代表性、新颖性和实用性，在课堂上能够实现师生的互动和产生共鸣；科研成果向教学内容转化时，要抓住教学重点，紧跟时代步伐，将有针对性的前沿科技成果具体化，化繁为简，以便于学生理解；要注重学生评教的激励和鞭策作用，以利于教师及时发现自身存在的问题。

在我国大力提倡培养创新型、应用型人才的高等教育形势下，如何传承与更新应用型专业课教学内容，做到与时俱进，获得良好的教学效果，是高校教师共同关注的重点课题。在教学实践中，我们要根据课程特色，在传承经典理论的同时，及时跟踪课程涉及领域的最新研究进展和实际生活中的相关热点问题，处理好应用型专业课教学内容传承与更新的问题。

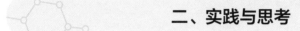

二、实践与思考

经过多年努力，我们的应用无机化学课程达到了预期的效果，通过学习这门课程，学生更多地了解了无机化学经典理论在工农业生产和日常生活中的具体应用，提高了学生学习无机化学的兴趣，并拓展了他们在应用无机化学领域的知识面。

在取得成果的同时，我们就该课程设置的教学基本思想、内容与方法，以及教学效果分析与展望方面，进行了梳理与反思。

（一）教学基本思想

设置应用无机化学课程就是要将无机化学理论在工农业生产中的实际应用展示给学生。我们设置这门课程授课内容的教学基本思想如下。

1. 主线突出，彰显无机化学特色

虽然无机化学的理论丰富多彩，但在内容选取上必须具有清晰明了的知识脉络，既要兼顾知识的系统性、完整性，又要有一定的深度，特别是要强调以实际应用为主线，以区别于基础无机化学课程，做到博而精。

2. 课程内容须具有现代化特征

课程内容的现代化，就是要把现代科学、技术、文化的重要成果及时地反映在教学中，重点阐述无机化学理论在工农业生产中发挥的作用，正确处理社会需求、知识体系、学生发展三者之间的关系。

3. 课程内容必须满足社会需要

应用无机化学课程开设的目的是使学生学会如何运用无机化学知识解决实际问题，为社会培养优秀的科技人才。课堂上所讲述的实用技术，必须面向社会的热点领域，重点讲解一些正在采用或将来有可能采用的实用

技术。

4. 注重学科交叉与优势互补

化学处于自然科学的中心位置，是自然科学发展的轴心之一，作为现代社会的科技人员，灵活掌握应用无机化学知识至关重要。在课程内容设计中要重视无机化学与其他学科之间的交叉，将无机化学知识应用于材料、生物、环境、农业等领域，实现学科间的优势互补。因此，课程构建时既要注意丰富学生的应用无机化学知识，又要通过具体实例，让学生了解无机化学在其他学科领域也同样发挥着重要作用。

5. 重在引导，激发学生创新意识

当代大学生思维活跃，知识面广，喜欢新鲜事物。传统无机化学基础课程的授课内容理论性强，注重原理和计算，这虽有助于学生打好理论基础，但也容易让学生感到枯燥乏味。因此，在应用无机化学课程内容的构建中，通过介绍现代无机化学的前沿领域、重大发现和当前的科研热点，可以在让学生开阔眼界的同时，激发他们对无机化学学习的兴趣，让他们以全新的角度重新认识无机化学。

（二）教学内容与方法

应用无机化学课程立足于无机化学的基本理论，结合现代先进技术与科研成果，着重向学生讲授无机化学在不同领域中的应用、无机材料的制备及性能、结构研究方法等，使学生较为全面地掌握应用无机化学的知识。在这门课程中，考虑到课时有限，我们选择了无机化学在精细化工领域中的应用、无机纳米材料及其在高科技领域中的应用、无机化学在资源环境能源领域中的应用、无机化学与营养保健等内容进行讲解（见表2-1）。在授课过程中，通过具体的应用实例，探讨无机化学经典理论如何在科技前沿领域进行应用。

表2-1　课程设置情况表

授课对象	内容安排	课时
本科三、四年级学生	无机化学在精细化工领域中的应用	10
	无机纳米材料及其在高科技领域中的应用	6
	无机化学在资源环境能源领域中的应用	4
	无机光、电、磁材料及其应用	4
	神奇的稀土元素	4
	无机化学与营养保健	4

例如，无机化学中常见的**溶度积**理论，如果按照基础无机化学理论课上的理解，K_{sp}^{θ}仅用于判断沉淀溶解度的大小。但如果将该理论应用在材料制备上，利用化合物K_{sp}^{θ}的差异可完成沉淀的转化，实现在K_{sp}^{θ}大的材料表面包覆一层K_{sp}^{θ}小的功能材料，就能够获得具有光、电、磁等特殊功能的核壳结构材料。将无机盐分解温度的递变规律应用到纳米材料的制备领域，可以降低前驱体的分解温度，同时大大提高目标产物的比表面积，这一技术已经成功应用在导电金属氧化物的制备等领域。再如，关于稀土元素的内容在基础无机化学授课中往往涉及不深，在"应用无机化学"课程中，我们在介绍稀土元素**$4f^0 \sim 4f^{14}$**独特亚层、大的原子磁矩、各向异性、丰富的能级跃迁、大范围可变的配位数（6～14）及有序变化的原子和离子半径等结构特点的基础上，详细阐述由于这些结构特点所带来的优异的磁性能、发光性能、催化性能、生物性能等，并介绍了稀土元素在石油化工、农作物增产等领域发挥的重要作用。

根据该课程内容的特点，我们在授课方式上进行了一些尝试。课堂上偏重工艺及生产、应用实例的讲解，而基础课上讲解的理论则成为该课程应用的依据。另外，除了主讲教师授课外，我们还针对课程中的某些内容，邀请从事该领域研究的专家进行更为深入的讲解。比如，课程进行到无机纳米材料中的碳化学部分时，我们邀请专门从事碳材料研究的教师来讲解；在讲解无机纳米材料表征部分时，请从事无机领域微区分析测试研究的教师进行讲解。此外，我们在课堂上还尽可能地激发学生学习的积极性和主动性，毕竟兴趣才是最好的老师，只有学生愿意学、主动学，才能实现良性互动，达成教学目标。

在课程临近结束时，我们将学生分成若干个小组，这些小组针对自己感兴趣的无机化学内容查阅文献资料，在课堂上进行交流讨论。我们规定交流的内容要与应用无机化学相关，但可以不受教师讲课内容的限制。这种学生参与课堂教学的模式一方面增加了师生互动，体现了学生的主体性，另一方面也为调整课程内容提供了重要信息。比如，我们在"无机化学与营养保健"一章补充的无机营养元素方面的知识，就是上一届学生课堂研讨时普遍感兴趣的内容。另外，我们还尝试利用两节课的时间，开展一次应用无机化学的观摩实验，内容为浅色导电粉体的制备及其在抗静电涂料中的应用。学生从材料的制备到实际应用，切身感受到了无机化学知识所发挥的作用。这种以任课教师讲授为主，以专家讲座、小组讨论、观摩实验为辅的教学模式，适用于培养21世纪人才的综合素质，深受学生的欢迎。应用无机化学课程共计32个学时，2个学分，作为化学、应用化学、材料化学等化学相关专业的选修课，适于本科三、四的学生选修。

（三）效果分析与展望

通过应用无机化学课程，学生能更多地了解应用无机化学，更深刻地理解无机化学的基本理论，明白无机化学究竟能够解决哪些实际问题。应用无机化学课程已开设13年，通过与学生的交流，结合授课后的研讨以及学生就业、考研等情况，我们认为该课程的开设主要起到了以下几个方面作用。

1. 有助于学生均衡发展

无机化学作为四大化学之一，具有非常重要的学科地位，是其他化学学科学习的前提和基础。很多理论和实际问题在运用其他学科无法解决时，往往还要依赖无机化学。本课程通过讲解无机化学的基本理论在不同领域巧妙应用的实例，使学生对无机化学知识有更加全面深入的理解。

2. 有助于寻找学科发展的优秀接班人

无机化学专业的发展，必须有好的生源。培养出的优秀学生，可以作为今后学科发展的接班人。通过该课程，可以让学生更多地了解无机化学，吸引优秀学生投身到无机化学的学习研究中，为该学科发展培育后备力量。

3. 有助于培养专业技术人才

从无机化学新材料的研发试用，到解决实际生产过程中遇到的问题，往往都离不开无机化学经典理论的支持。特别是近些年来，随着我国化学工业的飞速发展，无机化工企业越来越多，社会对无机化学科技人才的需求也越来越大。学生只有对无机化学感兴趣，才有可能努力成为优秀的无机化学专业技术人才。

4. 有助于学生学以致用

应用无机化学课程注重理论与实践的有机结合，让学生在掌握无机化学理论后学以致用，从而提升学生的综合素质和科研能力。该课程通过讲解无机化学在精细化工、食品保健、电子通信、国防科技等诸多领域的具体应用，让学生深刻感受到了无机化学知识在实际生产中发挥的作用，这将有助于学生在遇到实际问题时，利用无机化学知识寻找解决方案。

　　应用无机化学课程虽然取得了预期的开设效果，但也存在一些必须解决的问题。比如，及时跟踪无机化学的最新应用研究进展，在有限的课时内展示无机化学理论应用实例，开发新的无机化学观摩实验，协调好所邀请专家前来授课的时间，等等。在今后的教学中，我们将努力解决上述问题，并根据课程研讨的结果，结合听课学生反馈的信息，向无机化学界的专家、前辈请教，获得他们的支持和帮助，博采众家之长，将应用无机化学课程更充实更生动地开展下去。

三、解构与重构

　　好的课堂教学应该做到融会贯通，透过现象抓住事物的本质，启发学生在理解知识点的同时，能够对所学知识举一反三，学以致用。

　　化学反应中的标准平衡常数问题，在基础无机化学中占有重要的地位，常常要分为几章对学生进行详细讲解。但化学"四大标准平衡常数"间的共性极为明显，理解标准平衡常数的基本概念，即可实现以点带面，掌握知识脉络，理解标准平衡常数相关知识的内涵，达到对知识的理解与实际应用融会贯通的教学效果。

　　笔者主张在应用无机化学课程中讲授该部分知识时，不需要同基础无机化学课程那样，进行太多的铺垫和解释，而是将化学标准平衡常数知识点进行归纳总结后，直接讲述其如何应用于科研与生产实践。

（一）融会贯通解析精髓

　　化学反应中的标准平衡常数是基础无机化学中重要的知识点之一，配位平衡、酸碱平衡、沉淀溶解平衡以及氧化还原平衡，这"四大平衡"相关内容是新材料开发、生物医药、环境治理等诸多领域必备的理论基础。

因此，灵活掌握并运用标准平衡常数相关知识，对于学生将来从事相关领域的科学研究和生产实践至关重要。

通过总结多年的教学经验，结合自己的科研和生产实践，笔者认为化学中的"四大标准平衡常数"，可以按照如下三点进行通识性及简单化的理解和掌握。

1. 准确把握标准平衡常数K^θ的定义

所谓标准平衡常数K^θ，是指"在标准状态下，生成物浓度的系数次方的乘积与反应物浓度的系数次方的乘积之比"。

以反应体系中反应物和生成物均是溶液为例，对于反应

$$eE + fF \Longleftrightarrow gG + rR$$

其标准平衡常数表达式为

$$K^\theta = \frac{([G]/c^\theta)^g ([R]/c^\theta)^r}{([E]/c^\theta)^e ([F]/c^\theta)^f}$$

式中，c^θ为浓度。上式可以用最直观的语言来表达，即"标准平衡常数K^θ等于反应式的[右边]除以反应式的[左边]"，这里提到的[右边]和[左边]分别指反应式的右边各项和反应式的左边各项。在这个概念中，有几个关键词，即标准状态、幂指数、常数，需要准确把握其内涵。这样，从基本概念着手，附加上相应的物理化学限制条件，即可推演出化学"四大标准平衡常数"。如我们常见的酸碱平衡常数、配合平衡常数、沉淀溶解平衡常数等，都可以看成是具有一定条件的"特殊"的标准平衡常数，从物理意义上理解，这三类标准平衡常数从计算式的形式上来看几乎没有差异。

2. 把握不同平衡常数的限定条件

化学"四大标准平衡常数"虽然名称不同，但其实质基本一致。酸碱平衡常数、沉淀溶解平衡常数及配位平衡常数，这三者极为相近，其主要

差别体现在反应物或生成物的类别或存在形式的不同，三者应用时遇到固体及纯溶剂，无需写入平衡式。而对于氧化还原平衡，主要是用于结合能斯特方程，解决电极电势问题。需要注意的是，在能斯特方程中，电极电势 $E_{电极} = E_{电极}^{\theta} + (RT/zF) \times \ln[氧化型]^p/[还原型]^q$（$z$ 为得失电子数，F 为法拉第常数），反应式中是"型"而非"剂"，所以，要提醒学生们注意的是，并非只有氧化剂或者还原剂影响电极电势的大小，反应体系中存在的介质也同样对电极电势产生影响。

3. 找准所要研究的平衡体系

要理解一个化学平衡，前提是要明确研究的对象是什么，即我们要针对哪一个反应体系进行分析，该体系中存在哪些化学平衡，如何用一个总的化学反应方程式予以表达。在分析平衡体系时，学生容易被存在的诸多分反应所困扰，由于体系复杂会同时有几个平衡存在，某一个物质既是上一步反应的生成物，又是下一步反应的反应物，看似动态变化，容易造成理解上的混淆。事实上，不论体系中存在多少反应，最终总是达到平衡，满足同时平衡原则。所以，只有认清研究的对象，结合同时平衡原则，正确写出化学反应方程式，才能准确表达标准平衡常数 K^{θ}。

标准平衡常数 K^{θ} 表达式中往往会包含一些未知项，特别是体系中有两个或两个以上化学反应平衡共存时，可以通过已知分步反应的标准平衡常数 K^{θ} 去表达总反应平衡常数 K^{θ}。而已知的分步反应标准平衡常数 K^{θ} 在公式形式上会与我们熟悉的公式形式有所差异，为了与标准平衡常数式相同，可以通过"造型"的方式进行补充，即在分子和分母上同时补充某一因子，实现与已知的标准平衡常数 K^{θ} 表达相同的目的。这样，就实现了用已知的标准平衡常数表达出总反应标准平衡常数。

例如，计算 0.01mol CaC_2O_4 固体溶解于 1L 水所需要的酸度为多少？已知 $K_{sp\ CaC_2O_4}^{\theta} = 2.32 \times 10^{-9}$，$K_{a1,\ H_2C_2O_4}^{\theta} = 5.37 \times 10^{-2}$，$K_{a2,\ H_2C_2O_4}^{\theta} = 5.37 \times 10^{-5}$。

在解此题时，先要分析在反应体系中存在哪些化学反应。根据题意可知，草酸钙被完全溶解，将生成钙离子和草酸，总的化学反应方程式为

$$CaC_2O_4(s) + 2H^+(aq) \rightleftharpoons Ca^{2+}(aq) + H_2C_2O_4$$

当把最基本的表达式按照"[右边]/[左边]"的形式写出后发现，将分子和分母同时补充$[C_2O_4^{2-}]$，则所要求解的总反应平衡常数K^θ即可用草酸钙的溶度积常数和草酸的第一级、第二级解离常数来表达，这样就实现了用已知的标准平衡常数表达出总反应标准平衡常数。具体解题步骤如下。

解：设0.01mol CaC_2O_4固体完全溶解于1 L水后溶液的$[H^+]$为$x$mol/L。

$$CaC_2O_4(s) + 2H^+(aq) \rightleftharpoons Ca^{2+}(aq) + H_2C_2O_4$$

$$K^\theta = \frac{[Ca^{2+}][H_2C_2O_4]}{[H^+]^2} = \frac{[Ca^{2+}][H_2C_2O_4][C_2O_4^{2-}]}{[H^+]^2[C_2O_4^{2-}]}$$

$$= \frac{K^\theta_{sp\ CaC_2O_4}}{K^\theta_{a1,\ H_2C_2O_4}\ K^\theta_{a2,\ H_2C_2O_4}} = \frac{2.32 \times 10^{-9}}{5.37 \times 10^{-2} \times 5.37 \times 10^{-5}} = 8.05 \times 10^{-4}$$

$$x = 0.35$$

所以溶解完全后溶液的$[H^+]$为 0.35mol/L。

初始的$[H^+]$ = 0.35 + 0.01 × 2 = 0.37mol/L。

（二）举一反三拓展应用

有了上面对于化学标准平衡常数的理解，就可以将其应用于应用无机化学的各个领域，计算反应物的用量、进行新材料的设计等。现结合应用无机化学课程中的实际案例，介绍化学标准平衡常数在如下领域中的应用。

1. 在无机光电功能材料制备领域中的应用

如果单纯从理论上理解，沉淀溶解平衡常数K^θ_{sp}仅是用于判断不同沉淀溶解度的大小，而如果将该理论应用在光电功能材料的制备上，利用化合物K^θ_{sp}的差异进行沉淀转化，实现在K^θ_{sp}大的材料表面包覆一层K^θ_{sp}小

的功能材料，就能够获得具有光、电、磁等特殊功能的核壳复合结构材料。例如，在制备磷酸银和羟基磷灰石纳米复合催化剂时，在制备好的羟基磷灰石纳米分散体系中加入银氨溶液，体系中便有结构稳定的$Ag_3PO_4/Ca_5OH(PO_4)_3$纳米复合催化剂生成，这便充分发挥了羟基磷灰石比表面积大和磷酸银催化活性高的优势。该体系就是充分利用了银氨溶液的配位平衡和羟基磷灰石与磷酸银沉淀溶解平衡的转化与共存知识。

2. 在无机纳米材料领域中的应用

无机纳米材料在应用无机化学课程中占有较大的比重，而该部分内容对于标准平衡常数的知识更是不可或缺。控制反应离子的扩散和传输速率，实现离子的缓慢释放，往往要借助于配位平衡，形成稳定的配合物作为前驱物。比如在制备纳米氧化锌时，我们可以向反应体系中加入**乙二胺四乙酸**（EDTA）作为配合剂，与锌离子形成配合物$[Zn(EDTA)_3]^{4-}$，然后再进行煅烧，从而控制产物粒径大小。再如，我们在制备银纳米粒子时，如果单纯以硝酸银和水合肼为反应物，获得的银粒径很大，而且还伴随着银镜反应，如果我们将银离子先与乙二胺形成配离子，一方面可以控制银离子的释放速度，另一方面通过与阳离子配位形成$[Ag(NH_3)_2]^+$，可以降低氧化剂的氧化还原电位，缓和反应的速率，最终实现控制产物粒径大小及降低团聚的目的。

3. 在金属材料防腐蚀领域中的应用

在热镀锌生产的磷化工艺中，需要将体系的pH值控制在3左右，同时还需调整PO_4^{3-}和Zn^{2+}的离子浓度，这些则是关于沉淀溶解平衡及酸碱平衡共存的实际应用案例。如何控制体系的pH值，实现Fe^{3+}沉淀而Zn^{2+}浓度不受影响，对于降低生产成本，控制热镀锌产品的质量至关重要。利用氧化锌和氯化铵组成复合处理剂，即可维持热镀锌磷化槽体系pH值稳定。

4. 在稀土功能材料开发领域中的应用

稀土元素具有独特的$4f^0 \sim 4f^{14}$亚层、$6 \sim 14$间大范围可变的配位数、很大的原子磁矩、各向异性和丰富的能级跃迁。因此，结合配位平衡常数的基本知识，可以开发新型的稀土磁性材料和发光材料。由于稀土元素呈现有序变化的原子和离子半径，容易形成置换型无限固溶体，而掺杂离子数量的不同，会令其性质产生很大的差异。要准确控制掺杂离子的数量，在单纯控制反应物浓度无法实现的情况下，有时还必须借助配位平衡的相关知识。

5. 在生物无机化学领域中的应用

动物体能够吸收的金属元素，往往都是以金属配合物的形式存在。利用配位平衡的相关知识，可以设计生产保健品和药物。一旦人类或动物发生重金属中毒事件，则同样需要利用配位平衡知识。比如发生重金属离子中毒时，可以利用EDTA与重金属之间形成更加稳定的螯合物，将与重金属配合的体内配体释放出来，实现解毒功能。再如，以二价铂离子与两个氯原子和两个氨分子结合的金属铂配合物，类似于双功能烷化剂，可抑制DNA的复制过程。细胞对这种金属铂配合物最敏感，高浓度时能抑制RNA及蛋白质合成。这种配合物被称为顺铂（DPP），是细胞周期非特异性药物，具有细胞毒性，可抑制癌细胞的DNA复制过程，并损伤其细胞膜上的结构，现已作为广谱抗癌药物普遍使用。

有关化学标准平衡常数的知识是应用无机化学课程必备的理论基础。虽然应用无机化学课程中并不需要复杂和高难度的平衡运算，但需要对概念理解透彻，并能够灵活应用。如果我们将对标准平衡常数的理解与生产实践相结合，形成持久的记忆符号，化学标准平衡常数的"学"与"用"都将变得容易，在处理材料制备、环境治理、生物新材料开发等涉及化学标准平衡常数的问题时也必将得心应手。上述内容仅是针对化学"四大标准平衡常数"进行简易化的分析和解释，其目的在于让学生能够在应用无机化学领域更加灵活地运用该部分知识，并能够以自己特有的方式形成永恒的记忆。实践证明，这种教学方法效果显著，学生普遍认为通过这样的学用结合，学得很有兴趣，能掌握要点，也能触类旁通。

 第三节 优化课程考核方式

构建科学合理的课程考核体系，也是高校教学研究的重点内容。特别是应用型专业课程，知识结构和培养目标均不同于经典的理论课，应用型专业课程更侧重于对学生实际应用能力的培养，拓展学生的创新思维，提升分析解决实际专业问题的能力。这类课程的教学内容、培养目标与一般理论课程存在本质上的区别，其考核方式也应有所不同。我们以开设多年的应用型专业课程应用无机化学为例，对该课程近年来探索实施的多种考核方式在提升教学效果方面进行了分析总结。

一、多种考核方式

如前所述，应用无机化学课程同样存在课时不足、学生缺勤等一些专业课普遍存在的问题。对此，我们除了不断改进教学方法外，还探索了几种灵活的课程考核方式，作为常规考核方式的有益补充。这些考核方式不仅有效提升了教学效果，而且对上述问题起到了缓解作用。

考试是专业课教学的最后一个环节，也是检查学生学习情况和教学效果的一种重要方法。但是，大多数课程都将考试这一单一的方式作为成绩评定的依据，而忽略了考核环节本身对提升教学效果的促进作用。特别是应用型专业课的成绩评定，完全可以不受传统思维的束缚，实行多种灵活的考核方式。也就是说，只要对培养学生能力、提高学生的专业水平有利，就可以大胆地进行尝试。以应用无机化学为例，我们除了采用专业课的开卷或闭卷考试、撰写课程论文这两种常见的课程考核方式外，还探索了如下考核方式。

（一）自由选题讲解

学生在应用无机化学课程范围内，结合自己平时参与的科学研究或者专业实验，选择自己喜欢的专题进行讲解。该考核方式能够培养学生自主选题的能力，锻炼学生文献调研、资料总结、PPT制作及语言表达等能力。为完成专题讲解，学生需要做充足的准备，对自己讲解的内容有深刻的理解，这对于学生专业综合能力的提高大有帮助。比如，2015年度，有一位学生讲解"负载型钯催化剂在碳－碳偶联反应中的应用"，由于理解深刻，措辞深入浅出，吸引了课上每一位学生去认真听讲，该学生自己也受益匪浅。

（二）完成案例报告

应用无机化学课程探索了案例教学贯穿课程教学始终的教学模式。对于参与并完成案例的这部分学生，可以将案例报告作为成绩考核的依据。结合近几年的教学经验，期末阶段正是该部分学生进行成果整理的阶段，此时他们已经基本完成了相应的实验研究或调研内容。如果我们采用案例报告的考核方式作为成绩评定的依据，将有助于学生有更加充足的时间整理自己的科研成果，并利用应用无机化学专业知识对问题进行更加深入的剖析。比如，案例成果"Ag包覆Fe^{3+}掺杂氧化锌的制备及光催化性能研究"，由于与课程内容紧密相关，且学生对实验结果分析深入透彻，最终，由该案例撰写的论文成功发表在国际权威的化工领域期刊上。

（三）方案（产品）设计

应用无机化学课程内容广泛，在生产生活的诸多方面均有涉及。随着校企合作越来越多，学生有更多的机会参与到一些企业与学校合作开展的诸如功能涂料配方设计大赛等创新实践性活动中，这类活动用到的专业知识往往与应用无机化学课程内容紧密相关。对于参与该活动的学生，我们持支持鼓励态度，在课后与学生进行交流，给予专业指导，允许这些学生用设计好的方案作为该课程成绩考评的依据。在这类活动中，学生只有充分掌握专业知识，结合自己的创新性想法，才有可能提出有创意且可行的工艺方案。比如，某学生采用纳米二氧化钛作为主要材料设计自清洁型外墙涂料，其原理涉及二氧化钛的粒径大小、晶型、比表面积等对自清洁效果的影响及光催化机理等诸多专业知识。

（四）参与创新实践

"化学改变生活"是华东理工大学化学与分子工程学院以奉贤校区创新基地为平台开展的系列创新实践活动，旨在激发学生的创新思维，提升学生理论联系实际的能力，激发学生的专业学习热情。"化学改变生活"创新实践活动是本科低年级学生科研的"启蒙训练"，从选题、文献查阅、论文撰写、根据论文评审专家意见修改论文、海报和演讲稿制作、答辩等多个环节提升学生的科研素养。如果参与该活动的学生的选题及论文内容与应用无机化学课程内容相符，其论文经任课老师提出修改意见，进一步完善提高后，可以作为该课程成绩评定的依据。由于应用无机化学课程面向高年级本科学生开展，而"化学改变生活"创新实践活动主要面向低年级学生进行，因此，这种灵活变通的考核方式，有助于低年级学生在后续课程考核环节进一步提高自己的专业素养。每年的应用无机化学课程上，遇到该类学生的人数是极少的，由于该课程主要针对高年级学生开设，所以一般不提倡低年级学生提早选课。另外，对于参加过大学生创新实践活动的学生，如果活动研究的课题与课程内容相关，该活动的研究论文同样也可以作为课程成绩评价的依据。

二、考核实施原则

我们采用上述几种考核方式作为课程成绩评定的依据，是为了提高考核环节提升教学效果而进行的尝试。本着严谨负责的教学态度，这些考核方式涉及的学生人数虽然并不多，仍必须遵循公平、公正的原则。在评定该部分学生的成绩时，我们还制定了如下基本规则。

（一）内容相关性

学生提交的各种作为成绩评定依据的材料，应是利用无机化学的相关知识进行科学研究或者生产、生活实践，其内容必须与应用无机化学课程内容密切相关。

（二）专业性

作为成绩评定依据的材料需要有足够的理论深度，不能泛泛而谈，必须紧密结合相关理论，是非常专业、有深度、有内涵的成果，不能拿一般科普性的小论文作为成绩评定的依据。

（三）工作量

考核要求是学生用较长时间努力完成的成果，而不能用极短时间即可完成的材料作为成绩评定的依据。我们以多年的科研和教学实践经验，从成果的整体设计、内容的深度和广度、细节的准确度与完善度等角度，足以对完成这些材料所需要的工作量做出准确判断。

（四）创新性

学生专业知识应用能力的强弱，主要体现在两个方面：一是能够有效解决实际问题，即"实战"能力；二是创新能力，结合已经学过的理论知识，提出自己的想法。学生如果能够做到灵活应用专业知识，且具有创新性，一定能够获得非常优异的课程成绩。

（五）规范性

课程成绩虽由任课教师评定，但作为评定成绩的依据，必须整齐、规范，符合教学管理部门的相关规定。比如，学生提交的案例论文必须有完整的结构，包括论文的前言、实验操作、结果与讨论、结论及参考文献，且各部分内容必须完整。再如，学生设计的工艺方案（或产品配方）必须有完整的工艺流程（或配方组成），写明这些设计的理论依据，即参考了哪些文献或者应用了哪些无机化学理论，并作出相应的解释说明，而不能只是给出工艺设计结果（或配方组成）。

（六）时效性

如果是学生在参与各种创新实践活动中获得的成果，则在进行活动期间必须与教师有足够的沟通，以便教师给予必要的专业指导与支持。同时，这些活动必须与课程在同一学期进行，结束时间也要与应用无机化学课程基本同步。

三、实施效果分析

经过多年实践，我们发现，上述几种考核方式并用的教学效果主要体现在以下几个方面。

（一）拓展授课时间

专业课课时数在不断缩减，而专业课程的授课内容却在不断增加和更新，将上述几种灵活的考核方式并用，有效实现了拓展应用型专业课课时的效果，增加了学生专业课自主学习的时间。

（二）延伸课程空间

一直以来，专业课授课的主要形式还是将学生集中在课堂上听课，学习场地主要是在教室里。而上述的一些活动，则可以将学生的学习空间扩展到企业的生产车间、教师课题组所在的实验室等，通过实践，学生有更多的机会实地感受课堂所讲授的内容，对课堂上的知识直接进行实际应用，使专业理论知识更加容易被理解和接受。

（三）提高学习兴趣

由于采用了灵活的课程考核方式，对于学生来说，多了成绩考核方式的选择权。学生既可以用自己的相关成果作为成绩考核依据，有更多时间在自己喜爱的活动中尽情发挥，也可以独立选题，进行专题讲解，全方位锻炼自己的综合素质。近几年的探索实践发现，学生要完成这些活动，需要加深对专业课内容的理解，做到理论知识活学活用，实际应用与课程学习相互促进，这无疑会提升学生对应用型专业课程的学习兴趣，激发学生的创新潜能。

（四）实现学以致用

上述几种灵活的考核方式应用在应用无机化学课程的成绩评定上，看似降低了对成绩考核的要求，但真正实施时则要求更高、更为具体。学生参与的这些活动是在用专业知识进行实际应用演练，每一个细节都必须把握好。这些考核方式不同于传统的考核方式，要求更加体现实际应用，强调专业知识的灵活运用和对实际问题的准确判断。

（五）吸引学生回归

应用无机化学课程讲授的知识能够为参与创新实践活动的学生提供强有力的理论支撑，遇到的很多问题能够在课程中找到答案，这样，学生就会带着解决某些问题的目的走进课堂，汲取自己所需的专业知识，积极主动地与任课教师进行交流和讨论，这将有助于学生明确学习目的，端正学习态度，在课堂上感受专业学习的乐趣。

应用无机化学课程同时采用上述几种方式作为成绩评定的依据，对于化学专业人才的培养起到了积极作用。这些灵活的考核方式一方面遵循了成绩评定的公平、公正，另一方面又有效促进了学生专业综合素质的提升，激发了学生对专业课的学习兴趣。应用型专业课侧重于对学生的专业技能、创新潜质的挖掘、培养，可以不拘泥于传统的考核方式，让学生有更多的时间和精力将专业知识进行实际应用并从中得到培养与锻炼，而并非单一地将考核过程作为评定分数高低的手段。多年来，我们根据实际教学工作经验，不断探索灵活的应用型专业课成绩考核环节，希望能够进一步促进教学，达到考核环节也是学习过程的效果。实践证明，多种考核方式并用，显著提升了教学效果，得到了学生的普遍认可。

教育锦囊

❖ "我的讲台我做主"

应用无机化学课堂上，我设置了专题演讲环节，以此来锻炼学生的综合素质。尽管学生会带有期望获得更好的平时成绩的心理，但并不影响专题演讲对学生综合素质的锻炼效果。在学生完成专题演讲的这一过程中，我通过激励、引导等方式动员他们参加主题演讲，强化学生"我的讲台我做主"的意识；通过同学点评和教师点评的方式，让学生增加自我表现的信心；通过课后交流的方式，指出学生的不足，进一步提升学生的综合素质。

❖ 科研达人的养成

有一位叫张琦的同学，大二时申报了由我指导的大学生课余研究计划（USRP）课题——不同形貌掺铝氧化锌的简易合成及光催化性能。我请他看研究生的论文，让他提出自己的见解。他看后，很有见解地提出了一些科学问题。我当时非常激动，马上打电话给他，赞赏他是科研的天才。对一个刚刚接触科研的学生来说，老师的认可无疑会极大地激发他的科研热情。此后，他担任了国家大学生创新性实验计划项目的负责人，项目做得非常投入，并首次以第一作者的身份以"常压自诱导组装铁离子掺杂 Ag-ZnO 及其优异的光催化性能"为题在《化学工业工程研究》上发表了 SCI 论文。张琦表示"我第一次感受到了什么是化学研究，什么是真正的实验室"。如今，他已经成长为科研"达人"，已发表 SCI 论文 16 篇，其中担任第一作者的论文有6篇，论文发表在《德国应用化学》《先进材料》等国际顶级期刊。

3
心际沟通

　　教育的最终目的不是传授已有的东西，而是要把人的创造力量诱导出来，将生命感、价值感唤醒。

　　　　　　　　　　　　——斯普朗格

　　教育绝非单纯的文化传递，教育之为教育，正是在于它是一种人格心灵的唤醒。因此说教育的核心所在就是唤醒。

　　　　　　　　　　　　——马克思

　　在任何学校里，最重要的是课程的思想政治方向，这完全由教学人员来决定。

　　　　　　　　　　　　——列宁

要做好教育这件事，我们应当更努力地去成为学生的良师益友。教师只有用真诚的关爱才能换来学生的尊重与亲近。一旦信任与亲近感建立好了，双方就能展开心与心之间的坦诚交流，自此，达成教育唤醒心灵的目标也就不远了。

在心与心的交流中，教师所做的应该就是帮助学生成长成才。我们究竟该培养怎样的人才？人才培养的努力方向究竟又该指向哪里？

在提供扎实有营养的学科知识养分以外，笔者认为高校教育还应当做到科学与人文并重，同样要致力于培养大学生的个人和社会责任感。此外，在科技飞速发展的今日，面向未来的自适应学习能力、创新能力、实践能力以及开阔的国际视野也应当是一个优秀人才所具备的良好素质。

第一节　用人生感悟交心

一、课堂应担负育人责任

高等教育发展水平是一个国家发展水平和发展潜力的重要标志，培养社会主义建设者和接班人是所有学校的共同使命，内涵式发展是我国高等教育发展的必由之路。2018年，随着"复旦共识""天大行动"和"北京指南"的相继形成，教育部新工科建设工作拉开帷幕，高等教育改革由此打开新局面。在教育部开展的新工科建设中，人文情怀的培养是非常重要的部分。在传统理工类课堂教学中融入思政元素，在教书的同时强化育人效果，是培养学生综合素质的需要，也是提升理论课教学效果、将思政教育融入课程教学的有益探索。

应用无机化学、现代基础化学（2018年起改名为无机化学）和无机合成与应用是我主讲的几门理工类课程，因课堂气氛活跃、师生互动积极、教学案例应用性强、观点角度的出发点贴近学生等原因，深受学生的喜爱。在教学过程中，除不断探索新的教学方法和与时俱进的教学理念外，还于润物无声中有效地融入了科学的世界观、人生观和价值观，用人生阅历、求学经验和处世态度等人生感悟诠释化学课堂中的某些知识点，教书的同时强调育人。这对于拉近教师与学生间的距离、提升课堂教学效果、培养学生的人文情怀及引导学生树立正确的"三观"效果显著。

二、化学与人生交互诠释

人生哲理博大精深，化学世界亦是如此。对化学知识深刻感悟后便觉化学即是人生，课堂上用之，则可诠释化学知识。笔者归纳了几个典型的在课堂教学中交互诠释化学与人生的实例。

（一）单元互似

化学中的组成单元与人类社会的构成元素有诸多共同之处，皆为由小及大，相互关联。在化学领域，物质化学性质的最小单位是原子，原子相互作用形成分子，分子作为保持化学性质的最小单位，被划分成不同的物质类别。这些基本单元与我们的现实生活极为相似，原子如个人，分子如家庭，不同物质类别如同我们人类社会的不同群体。

这些单元互似的现象如果应用在课堂教学中，学生理解相关化学知识会更加轻松、透彻。比如，我在讲授分子轨道理论时，尝试将人生哲理渗透到教学实践中，将原子比作独立的个人，分子比作家庭，电子比作家庭中可支配的货币。如此讲授分子轨道理论的内涵，特别是介绍电子在分子轨道中如何填充时，该知识点就很容易被学生接受，使得课堂教学饶有趣味，学习过程轻松愉悦。以往多个学时都难以完成的教学内容，经过与人类社会和常见现象进行类比后，一个课时即可完成且教学效果往往更好。

（二）理论互通

现代基础化学是面向大一新生开设的课程。学生在高中阶段接触的化学知识相对具体，进入大学后，直接学习薛定谔方程中的四个量子数时，因涉及的概念比较抽象，学生接受起来一般都较为困难。此时，我们在确保不给学生带来知识点理解偏差的前提下，将知识点进行分解。比如，能量与四个量子数之间的关系部分，我们借用生活场景帮助学生理解。在授课时，我们采用轻松愉悦的口吻建议学生去操场跑几圈，几个量子数与能量之间的相关性就很容易被学生理解。四个量子数依次是主量子数n、角量子数l、磁量子数m和自旋磁量子数m_s，前两个量子数与能量相关，如同在第几个跑道和跑步者的轨迹形状，对应主量子数n和角量子数l。而操场跑道的空间取向设置与在某个跑道上跑步所需消耗的能量无关，另一方面按顺时针或逆时针跑，也与能量无关，这与磁量子数m和自旋磁量子数m_s相同。如此这般将理论互通熟练地应用到课堂教学中，即可简化知识点的难度，增加学生的学习兴趣，活跃课堂气氛，又可以让学生掌握抽象的知识点。不过，在用此类比时，一定要向学生清楚阐释基本概念，防止学生将电子的无规则运动误解为有固定的轨道可循。

（三）公式互用

虽然人生世事或哲理没有明确的公式进行推算，也没有既定的数字化路径可以遵循，但与某些化学公式之间却有着惊人的相似之处。如果我们用人生的道理讲授某些化学公式，学生的理解力会得到显著提升。如计算晶格能的玻恩－朗德公式，影响晶格能大小的最主要因素是离子所带的电荷数和正负离子之间的距离。在讲授该部分知识时，我们面对的是刚进入大学的学生，有的处于对恋爱的向往中，有的存在异地恋情。我们便以此为切入点，讲述影响恋人之间的关系好坏有两个因素：一是个人魅力的大小，如同正负离子所带的电荷数；二是两个人之间的距离，如同正负离子之间的距离。前者对恋情（晶格能）的大小影响更大。通过年轻学生感兴趣的话题介绍知识点，继而鼓励学生通过刻苦努力学习文化知识，提升个人素质，增强综合实力，升华个人魅力。再比如，电化学中的氧化还原反应，反应过程中的得失电子，就如同人生旅途中的得与失。由此可见，化学与人生都体现了同样的道理，有得必有失，总要达到一个平衡，正所谓"塞翁失马，焉知非福"。基于此，我们在讲授化学知识的同时也会引导学生正确面对生活中的得与失，告诉他们遇到问题时要清醒理智，不要急于判断。如此这般授课，不仅能给予学生正确的人生引导，还可以帮助学生加深对知识的理解和掌握，激发学生的学习兴趣，使教师在课堂教学中收放自如，乐在其中。

（四）机制互享

化学中，反应温度制约着反应速率，这一原理与人生极为相似。在化学反应过程中，温度每升高10℃，反应速率便会提高2～4倍。一个人完成一件事情，如果是充满激情地去做，可能几分钟即可做完；如果对所做的事情态度冷淡，也许需要耗费很长一段时间才能完成，这是内因在起作用。在化学领域中，原子的内部组成及电子排布决定了原子的物理化学性质，而这些性质又决定了元素有何用途。这就如同每个人自身的身体机能、智力和健康等因素会影响其后天的个体发展，进而影响今后的学习、生活和工作。用这些简单的道理来讲授基础化学，学生会很容易接受并理解。生活处处有化学，化学处处蕴含人生哲理。化学原理与人生道理有太多的相似之处，我们可以在教学过程中，润物无声地引导学生拥有积极向上、乐观奋进的人生态度。

（五）美在其中

随着科学技术的飞速发展，呈现化学之美的纪录片不断问世，让我们领略到化学的奥秘和精彩的瞬间。在化学世界里，由于认知的局限性，我们往往难以预期下一秒会发生什么，但对科学的执着和对未知事物的好奇会激发我们的探索热情。人生亦是如此，明天会发生什么事情难以预料，但对生活充满期待，对未来怀揣梦想，用奋斗和激情勇敢去拼，一定会有美好的未来。在教学过程中，我们将化学之美展示给学生，展现化学学科之美的同时引导学生思考人生，培养学生探求未知世界的好奇心和过好现实生活的激情，这对于学生养成健康心智和走好人生之路，均有积极作用。

（六）结论互融

在化学研究中，我们强调"透过现象看本质"，强调反应结束后的产物状态和最终实验结果。这也如同我们的大千世界，表面现象不一定就是事物的本质，需要我们通过数据和现象进行深入分析和挖掘，有了科学的结果才能够盖棺定论。有些化学反应，最开始反应速率很慢，随着产物的不断生成，反应速率会迅速增加。比如，高锰酸钾和草酸的反应，开始反应速率很慢，随着锰离子浓度的增加，反应速率显著提升。这如同我们做一件事情，不断取得满意的结果会激励我们继续努力，逐步形成良性循环，最终获得期望的结局。化学中的这一现象同时也说明了另外一个深刻的人生哲理，那就是化学结论往往是建立在一定实验现象、数据的基础上，人生也是一样，很多事情并没有绝对的是与非，我们可以去不断完善或修正结论。

三、教书育人须相得益彰

为了获得预期的教学效果，在将人生哲理融入课堂时，需要把握以下几点原则：①力求严谨，即用人生哲理解释化学知识的时候，不能够带有歧义；②语言简洁，切中要点，节省课堂时间；③积极向上，即要宣传正能量，激励学生的青春斗志；④恰如其分，即将两者互拟贴切，不可强行关联在一起。

在课堂上融入思政教育，用人生哲理诠释化学问题，可以吸引学生全神贯注地听讲，学习知识的同时又收获了对人生的思考，这种寓学于乐、寓学于理的教学模式往往使得课堂氛围轻松活跃，教学效果显著。因此，在教学中，我们力求做到"用文学演绎化学的精彩，用化学感悟生活的深度"。让化学知识与日常生活、个人成长深度融合，符合新工科建设理念，满足高等教育要将思政育人融入课堂的要求。在潜移默化中引导学生珍爱生命、拥抱生活，对于帮助学生树立远大理想，引导学生用专业知识和坚持不懈的努力实现人生价值，具有积极作用。用人生哲理诠释化学知识，将思政教育融入课堂教学，对于全面提升学生的综合素质，满足"大数据""互联网+"时代对综合型人才培养的需求，具有现实意义。

第二节　将责任意识托付

所谓责任意识，是指人们了解并明确应履行的责任，自觉、认真地履行自身职责以及对整个社会承担责任，并把责任意识转化到具体行动中的心理特征。责任意识是文明社会公民最基本的素质，是当代大学生必备的核心素质。

近年来，大学生责任意识呈现低于其角色职责要求的倾向，其责任意识的欠缺不仅体现在自我责任意识缺失和家庭责任心弱化，更体现在学科发展意识和社会责任意识的淡薄。产生这种现象的原因一方面与某些社会媒体的不当宣传有关，另一方面源于高等教育对于该部分内容的重视程度不足，使得学生缺乏必要的责任实践。强化学生的责任意识，既要从提高责任意识的内外因入手，又要基于学生正处在学习、塑造阶段的特点，在思想教育、导向等方面着力，通过课程本身以及切实可行的社会实践活动，培养学生的责任意识。

事实证明，大学生的责任意识是在完成一定任务的亲身实践过程中逐渐形成的，并会随着亲身体验的增多不断扩展和提升。因此，可以通过实践给学生创造承担责任、体验责任的机会，使学生在实践中不断增强责任意识。

一、化学专业课引入责任意识

应用型化学专业课紧密结合生产实际，是学生学习专业知识和技能的重要课程。各高校都非常重视培养学生的专业素养，提高学生分析和解决实际问题的能力，但对应用型化学专业课的另一重要功能，即潜在的德育教育功能缺乏足够的认识，特别是对培养学生责任意识的重视程度不够。我们可以通过应用型化学专业课教学，运用辩证唯物论原理，坚持实践性原则，在授课过程中赋予责任意识以实质性的内容。现今教学改革的基本理念是构建知识与技能、过程与方法、情感态度与价值观相融合的教育目标体系。化学教育工作者应根据这一教学改革理念，以应用型化学专业课为载体，通过课程案例，给学生创造承担责任、体验责任的机会，多角度、全方位地培养学生的责任意识。

（一）专业意识

应用型化学专业课通常采用案例来教学，要求学生完成某一案例，包括文献调研、方案设计（小试实验、中试实验、放大生产）、效果分析等多个环节，综合了个人专业水平、责任意识、实践能力和心理素质等诸多因素，既需要利用专业知识达成目标，也必须考虑实施过程中对他人、对社会产生的各种影响。几年来，我们牢牢把握教授应用型化学专业课这一教育时机，润物无声、潜移默化地影响和教育学生，让学生在完成案例的过程中亲身感受到责任的存在，使学生成为有责任心、有担当的专业人才。

专业接班人具备专业发展责任意识，是一个专业能够长期稳健发展的前提和关键。专业发展责任意识是基于专业发展需要，以专业背景为导向形成的对自身发展进行规划以及对整个专业发展敢于担当、勇挑重担的责任意识。如果不具备基本的专业发展责任意识，仅靠单纯的专业知识灌输则无法让学生思想成熟、真正成长为合格的专业接班人，进而难以实现该专业的可持续发展。应用型化学专业课以实际应用为导向，不仅可以培养学生的专业技能和创新能力，让学生养成理论联系实际的思维习惯，还可以把枯燥的专业课与实际生活紧密结合起来，让学生从生活中感悟促进专业发展是自己的职责所在。

任何专业的可持续发展，都依赖于该领域从业人员的刻苦钻研和技能传承，更需要有以专业发展为己任的精神。我们在授课时，会以著名的化学家为例，讲述他们的成长故事和光辉事迹，弘扬他们为专业奉献的高尚品行，以此来激发学生的专业发展责任意识，让学生从前辈的事迹中得到启发，获得灵感与触动。专业人员只有热爱自己的专业，并为之付出心血，才能够对专业发展作出更大的贡献，才能够使该专业始终保持旺盛的生命力。

（二）安全意识

通过案例教学，应用型化学专业课还可以起到培养学生安全生产责任意识的作用。安全是我们的立身之本，是专业及事业发展的基石。安全问题不仅是某个人的事情，而是关乎家庭、社会的大问题。具有足够的安全意识，也是对他人、对社会负责任的一种体现。

安全生产既包括自身在生产过程中的人身安全，也包括不危及他人与社会的人身及财产安全。前者强调珍爱生命的自我责任意识，它是对自身生存价值、生活方式、行为举止以及自我发展等方面自觉视作义务而积极对待的一种表现。而后者更强调的是一种对社会的责任心，是对他人及社会安全和发展的考虑，需要的是安全性评估意识、风险评估意识以及安全生产责任落实意识。前者是后者实现的前提和保障。

在应用型化学专业课课堂中，安全生产责任意识主要体现在学生要为自己完成案例（模拟）的相关行为负责。实施案例前，我们要求学生认真调研，不仅要明确生产研发现状和关键技术，熟悉案例涉及的化学原理，确定研发及生产的具体步骤，我们还特别提醒学生，必须对每一个环节存在的风险给予正确评价，对可能发生的突发事故做好预案。我们严格要求学生必须本着为自己、为他人、为社会负责的态度，认真完成每一个细节，这为学生步入社会后能够实现安全生产打下了坚实的基础。

应用型化学专业课中的案例也会涉及一些实验内容，在化学实验及数据记录等诸多环节中，我们要求学生以严肃认真的态度来对待安全问题，严格按照操作规程进行操作。在实际案例完成的过程中，必须让学生牢固树立安全生产责任意识，我们会将安全责任重于一切的理念通过典型事例加以强化，培养学生事必谨慎的工作态度，养成良好的科研及生产习惯，让安全责任意识深深根植于学生的头脑与实际行动中。

我们要求学生必须尊重实验结果，并以学习和生活中的实例告诉学生，如果将错误的小试实验数据用于指导中试实验或者放大生产，必将产生不可预期的消极后果；而不真实的研究数据用于理论研究，也只能够得出错误的结论。在教学过程中，我们非常注重培养学生实事求是的科学态度，特别强调在研究过程中即使碰到实际情况与预期存在较大出入，或者测定的实验数据出现了较大偏差，也不能随意臆造事实或篡改数据，而是要如实记录，静心回顾，认真查找产生问题的原因，养成踏实严谨的科学态度，牢固树立安全生产责任重于泰山的忧患意识。

（三）环保意识

无论从事哪一个行业，确保从业人员的健康都是前提条件。对于化学从业者来说，生产工艺过程不能对操作人员造成伤害是项目得以实施的基本前提。我们在设计实施方案时，力争做到整个生产过程不产生"三废"，即使不能做到，也要保证将产生的"三废"及时处理。

健康的环境是人类赖以生存和发展的基础，而严重的环境污染威胁着全球的生态平衡和全人类的身心健康。化学化工行业不同于其他行业，在生产过程中容易发生化学物品的泄漏或残留，对人员或者环境造成危害。虽然化学专业高年级的学生已经非常清楚"三废"的危害，但在设计具体工艺时，却容易注重目标达成而忽视健康环保。鉴于这种情况，我们在进行实际案例讲解时，对于产生"三废"的环节，都逐一详细讨论，分析产生的原因，寻找降低"三废"产生的概率或数量的方法，探究如何治理产生的"三废"，并讨论如果采用不恰当的措施可能对从业人员和社会、环境带来的伤害等。另外，我们还会在课堂上列举一些有关环境污染的正反面实例，让学生有深刻的感性认识，建立起强烈的健康环保责任意识。

（四）社会责任

社会责任是一个人对国家、对民族、对人类繁荣和进步，对他人的生存和发展所承担的职责和使命。2015年，某媒体广告曾打出"我们恨化学"这样的广告词，一方面反映出一些人对化学的误解，另一方面也说明社会上有一部分人对化学基本知识并不了解。事实上，化学是认识周围世界、促进学科交叉发展的核心学科，它为我们提供物质基础，解决人类衣、食、住、行及日常生活用品等诸多问题。为了提高人们对化学的认识与热爱，联合国大会曾将2011年定为"国际化学年"。尽管如此，人们对化学在知识进步、环境保护和经济发展中所起到的重要作用还是认识不足，如果化学专业的学生和从业者能够加强对化学知识的宣传力度，以此为己任，则意义非凡。

通过对事故发生的原因进行深究则不难发现，发生在我们身边的化学事故，除了有专业人员的麻痹大意所造成的以外，还有相当一部分悲剧发生的原因是当事人缺乏对化学常识的了解。而普及化学专业知识，把化学理论知识与生产生活中的实际应用相结合，用化学知识诠释生活中的现象和问题，用化学来改变生活，是我们化学工作者的责任。我们未必需要开设讲座或者集会来讲解化学知识，我们可以从身边的小事做起，让身边的人尽可能多地了解化学，减少人们对化学的误解，远离化学带来的危害，让化学更好地造福人类。

二、化学实验课植入责任意识

化学实验课是学生学习知识和技能的重要课堂，是理论联系实际的关键环节。各高校都非常重视培养学生的综合技能，提高学生分析与解决问题的能力，但对化学实验课潜在的德育教育功能同样缺乏足够的认识，特别是对学生责任意识的重视程度和培养力度不够。责任意识是指个体对于自身所应承担的责任及其要求的觉察与认识，它包括自身行为必须对他人和社会负责以及自己必须对自身行为负责两个方面。责任意识的形成是大学生意识形态教育的前提和关键，如果不具备基本的责任意识，思想政治教育取得再大的成就也只能是空中楼阁和表面文章。因此，对大学生进行责任意识教育，不能停留在空洞的说教和无效的形式上，而应赋予它实质的内容。化学教育工作者应充分利用化学实验课堂，结合实验教学相关内容和实验的各个环节，培养学生的责任意识。

（一）实验教学是培养责任意识的有效途径

化学是一门以实验为基础的学科，化学实验在化学教学中具有非常重要的地位和作用。通过化学实验，可以培养学生的观察、思维及独立操作等能力，树立理论联系实际的学风和实事求是、严肃认真的科学态度。此外，由于在整个实验过程中时时都需要有极强的责任心，若能够将责任意识渗透到化学实验教学中，还将使化学实验课成为培养学生责任意识的又一有效途径。

化学实验是一项实践活动，一般分为实验准备、实验操作、数据处理和实验室卫生等几个环节。每一环节，都需要完成一个或几个"任务"，都需要亲身实践。化学实验过程综合了个人行为、社会责任、实践能力和心理素质等多方面因素，既需要个体在实践中动手和动脑，也需要考虑对他人和社会的影响，因此，需要有极强的自我责任、集体责任和社会责任等意识。教师应抓住化学实验课这一教育时机，在润物无声、潜移默化中影响和教育学生，让学生在实验过程中亲身感受责任、承担责任，这将有利于发挥学生的主动性，为学生将来更好地融入社会做好衔接和铺垫。

（二）将责任意识培养融入实验四个环节

在实验教学过程中，教师要重视每一个环节，通过言传身教引导学生树立责任意识，并不断肯定学生的责任行为，激发学生的责任感，增强其完成任务的能力和信心，从而促进学生责任意识的提升和发展。

1. 实验准备阶段

在实验准备阶段，重点是培养学生的自我责任意识。自我责任意识是对自身生存价值、生活方式、行为以及自我发展等方面自觉视作义务而积极对待的一种表现。在实验课堂中，这种责任意识主要体现在学生要为自己的实验相关行为负责。

实验前，教师应要求学生认真预习，明确实验目的和实验原理，熟悉实验内容及操作步骤，确定实验所需的仪器和试剂，并能够在实验开始前将所需仪器认真、仔细地清洗干净。这些似乎都是琐碎的小事，但做得好坏，却往往能够决定实验的成败，同时也体现了学生对实验的重视程度，在一定程度上能反映学生自我责任意识的强弱。因此，教师应要求每一位学生都本着为自己负责的态度，做好实验前的每一个准备工作。

2. 实验操作过程

实验操作过程是培养学生社会责任意识的重要环节。社会责任意识在实验操作过程中主要体现在三个方面。

一是节约意识，即在实验过程中要节约使用化学试剂、水、电、煤气等。教师应要求学生严格按照实验要求量取药品，严格控制实验试剂的用量，能回收的药品要尽量回收，水、电、煤气用后要及时关闭，培养学生厉行节约的好习惯。

二是环保意识，即爱护大家共同的生存环境。环境是人类赖以生存和发展的基础，环境污染严重威胁着全球的生态平衡和人类的身心健康。教师要向学生讲清"三废"的危害，强调化学实验过程中"三废"随意排放的严重危害性，引起学生足够的重视，并将环保意识的培养贯穿化学实验教学的始终。

三是安全责任意识，即保证自身及他人的人身财产安全。在实验操作过程中，教师必须要求学生以严肃认真的态度对待安全问题，严格按照实验规程进行操作，绝对不可以将实验当成游戏，嬉笑玩耍、麻痹大意。安全问题不仅是某个人的事情，而是关乎家庭、社会的大问题。有足够的安全意识，也是对他人、对社会负责的一种体现。在实验完成过程中，必须让学生牢固树立上述意识。同时，教师在示范实验操作过程中也要以身作则，培养学生从点滴的小事做起，养成良好的实验习惯，让责任意识在具体行动中得以体现，化为一种自然而然的行为。

3. 数据整理阶段

每个学生都非常重视实验结果，实验数据整理可以认为是学生努力"工作"后的收获阶段。在这一环节中，责任意识培养的重点是社会责任意识和对他人责任意识。

教师应强调学生要尊重事实、尊重科学，以实事求是、严谨负责的科学态度对待实验结果，绝对不允许伪造和篡改实验数据。教师要让学生清楚，伪造和篡改数据是缺乏责任意识的表现，将会造成非常严重的后果。比如，错误的实验数据用于指导生产，产品必然会是赝品；不真实的实验数据用于理论推导，必将得出错误的结论。因此，教师应培养学生以科学求实的态度对待实验结果，即使观察到的现象与预想的有些出入，测定的数据出现了偏差，也不能臆造事实或篡改数据，而是要如实地做好实验记录，认真查找产生问题的原因，形成严谨、求真、务实的实验态度。教师要在学生的记忆深处留下实验现象和数据绝不可伪造的深刻烙印，培养他们对社会负责、对他人负责的科学态度。

4. 结束收尾阶段

实验结束后的收尾阶段需要整理实验仪器，清扫实验室。大多数学生往往比较忽视这一环节，做好实验后就想离开实验室。教师应要求学生将实验仪器清洗干净、摆放整齐并擦干净实验台后，由指导教师检查合格才可以离开。这些看似都是小事，却十分有助于培养学生"自己做的事情自己要负责到底"的个人责任意识和替他人着想、自己做事不能够影响他人的社会责任意识。

总之，做好实验的每一个环节无不需要学生有良好的责任意识。如果化学教学工作者能够对化学实验课的德育教育功能加以重视，一定能够使学生的实验能力与责任意识得到双重提升。

三、化学实验课浇灌感恩意识

实验教学是高校落实立德树人根本任务的重要环节，是培养学生知行合一的能力，提升其分析、解决实际问题的能力以及培养创新思维的重要途径。教学实践发现，实验课程不仅在培养学生专业能力方面具有不可替代的作用，在培养学生感恩意识方面，实验课程同样具有积极作用。在全程、全员、全方位的育人要求下，如何通过实验课程培养学生的感恩意识，应该引起高校教育教学管理者和一线教师的充分重视。

在深入学习贯彻习近平新时代中国特色社会主义教育思想的前提下，落实"新时代高教40条"，要在授课过程中融入课程思政元素，创造培养学生感恩意识的条件和环境，在润物无声中强化学生的思想道德修养，让学生具有大德大爱大情怀，从而为国家培养堪当民族复兴大任的社会主义建设者和接班人。

（一）强化感恩意识的必要性

近年来，媒体常曝光一些大学生因感恩意识弱化引发的不良事件。经观察梳理，我认为大学生感恩意识弱化主要表现在以下四个方面：一是缺乏对父母长辈的感恩之心，不少学生不顾自身家庭条件盲目攀比、超前消费，甚至深陷校园贷危机。二是缺乏对老师、同学的感恩之心，与老师和同学相处时往往以自我为中心，不会换位思考。更有甚者对老师没有最基本的尊重，相当多的大学生在课堂上随心所欲，无视老师的存在。三是缺乏对学校的感恩之心，一味埋怨学校没有给他们提供优越的学习和生活条件，"食堂饭难吃""住宿条件差""实验条件差"等都是学生常抱怨的事情。四是缺乏对国家的感恩之心，有些人只关心自身的利益，对社会给予的关爱理所当然地接受，而不愿服务国家和社会。此类现象比比皆是，应该引起教育工作者的高度重视。

感恩意识是爱岗敬业人士奋进的源动力，懂得感恩是高校期望自己培养的学生能够具备的良好品质。懂得感恩，才能够更加积极乐观地生活；懂得感恩，才能够有强烈的责任心；懂得感恩，才能够肩负起党和国家赋予的历史重托。在少部分学生中存在的感恩意识弱化的问题，产生的原因来自家庭、社会、学校、生活群体等诸多方面，虽然高校不能够一一化解，但我们有责任在落实立德树人根本任务的过程中，挖掘课程思政元素，创造孕育感恩意识的土壤，促进学生德智体美劳全面发展。

（二）提升感恩意识的途径

高校教书育人的各个环节均可以融入思政元素，进而培养学生的感恩意识。通过探索与实践，我们致力于以实验课为载体，提升学生的感恩意识，不仅取得了一定成效，并且形成了系统思路。

在实验教学中贯穿感恩意识教育，我们的主要关注点如下：一是深挖实验课程的思政内涵，强化政治意识，深入贯彻落实习近平新时代中国特色社会主义思想进课堂、进教材、进头脑工作，于润物无声中实现实验课程思政育人。二是在教学过程中全员、全过程、全方位落实课程思政，将课程建设成为有温度、有内涵、走脑入心的本科生特色思政课程，落实立德树人的根本任务。三是重新修订实验课程教学大纲，确立价值塑造、能力培养、知识传授三位一体的培养目标，注重思政教育与专业教育的有机衔接和融合。四是结合实验课程特色，挖掘思政内涵，凝练思政元素，培养学生为国家战略需求服务的责任意识和大局意识。五是通过展示我国科技发展实力，走脑入心地增强学生的四个"自信"。六是以正能量视频、实例为载体，坚定学生为国家振兴而努力奋斗的理想信念，激发学生的感恩意识。

为了有效提升学生的感恩意识，我们在实验教学中作了以下思考与努力。

1. 梳理教学大纲

实验内容要注重理论联系实际，让学生学有所成，学有所用。通过实验教学，不仅可以增强学生的专业使命感和社会责任感，还可以激发学生的爱国情怀和感恩意识。目前，各高校都在压缩验证性基础实验所占的教学课时比重，增加创新性、设计性实验内容来提升学生利用专业知识解决实际问题的能力。为此，在实验内容及教学细节的安排上，可以尽量彰显学科的魅力和发展的紧迫感，以强化学生的专业使命感和对国家、社会的感恩与勇于担当的精神。在实验教学过程中，教师要重视每一个环节，通过言传身教引导学生树立感恩意识，通过肯定学生的感恩行为，促进学生感恩意识的进一步提升和强化。

2. 改进教学方法

为了培养学生的感恩意识，不仅要适当调整教学大纲，还需要在教学模式上与时俱进，引用现代化教学模式和手段。比如，引入"翻转课堂"

教学模式，能够增加与学生互动的机会，了解学生所想，及时对其加以教育引导。教学过程中增加一些实验方案的设计环节，不仅可以让学生感受到创新的乐趣，也有利于培养学生查阅文献、独立思考的能力，与后续的研究生学习接轨。在实验结果的讨论环节，对实验数据进行规范细致的整理，对实验现象进行深入思考与讨论，可以培养学生独立思考的能力和透过现象找规律看本质的能力。在实验报告环节，在原有实验思考的基础上，增加致谢部分，同样有助于培养学生的感恩意识。

3. 强化过程考核

实验教学改革，不仅包括教学大纲更新、教学方法改进，而且还应注重创新成绩考核方式，特别是要强化过程考核在实验成绩中所占的比重。按照课程进度，教师可以对学生在不同实验阶段的表现进行评估，分阶段评价学生成绩。阶段式评分模式一方面有利于及时发现学生在实验某一阶段存在的不足，另一方面可以督促学生认真对待每一个实验环节。在教学中，思政育人应与专业能力培养并行，在注重考查专业能力的同时，更要关注学生的德育表现，比如社会责任感、风险意识、诚信度、感恩意识等。

4. 拓展教育时空

由于实验课时有限，学生往往对做实验的目的、意义以及产物的应用了解得不够全面。让学生进入相关课题组进行学习和实验，可以加深对课程内容的理解，扩大专业知识面。同时，还可以让学生充分挖掘社会资源，如公司、研究所及其他兄弟院校等机构，以此让学生了解所学专业知识在实际生产、生活和研究开发中的作用，有助于提升学生对专业的喜爱程度。教师也可以充分利用网络资源，补充实验涉及的各种知识。网络空间无比广阔，学生可以利用网络进行文献调研，扩展知识面，提升专业综合素质，并为进一步深造奠定基础。此外，还可引导学生关注国内外名校资源，了解学科最新发展动态，关注并积极参与专题研讨和学科论坛，通过交流互动，拓宽其国际化视野，感受学科内涵，强化民族自豪感，提升学生的家国情怀和感恩意识。

5. 融入思政元素

在实验教学过程中，可以融入更多的思政元素，在教书的同时更应注重育人。具体方法如下：一是介绍典型科学家的案例，树立典范作用，增强学生的民族自豪感。二是通过展示实验相关内容在航空航天、海洋勘探、人工智能等领域的应用以及我国取得的相关科技成果，增强学生的民族自豪感。三是以实际生活为切入点，以一天的生活所涉及的专业知识作为主线，让学生惊叹专业的神奇，强化对自己专业的热爱。四是让学生感悟化学即人生，人生如化学，以两者的极为相似之处对学生作引导与教育。教师将人生感悟或者讲授化学的教学研究论文与学生交流探讨，让学生感受知识的魅力和生活的美好，有助于学生感恩意识的提升。

（三）实施效果分析

在培养德智体美劳全面发展的时代新人时，实验教学与理论教学一样，在德育方面也同样需要"守好一段渠""种好责任田"。我一直在与时俱进地探索科学有效的措施，并对实施效果加以总结。实践发现，强化实验课教学，能够实现对学生八个方面的培养，即专业情怀、家国情怀、大局意识、担当意识、感恩意识、责任意识、发展意识和服务意识，让学生坚定"四个自信"，即道路自信、理论自信、制度自信和文化自信。这里着重探讨的是实验教学对学生感恩意识的培养效果。

1. 增强对党和国家的感恩意识

中华人民共和国成立以来，特别是改革开放40多年来，我国的高等教育发生了翻天覆地的变化，学校的教学条件不断提高。时至今日，部分学校在硬件设施方面与西方发达国家已无明显差距。在开展实验教学时，我们可以通过讲解先进仪器的研发和使用、我国实验设备发展现状及实验条件的不断改进等具体内容，增强学生对党和国家的感恩意识。

2. 增强对社会的感恩意识

每个人的成长都离不开社会的关爱，学校的发展同样离不开社会各界的支持和帮助。当学生在宽敞明亮的实验室操作现代化仪器设备或者开展科学研究时，学生可以感受到社会力量对学校办学的关注和支持，增强学生对社会的感恩意识，从而努力攻读专业知识，回报社会。

3. 增强对学校的感恩意识

"十年树木，百年树人"。任何一个高校的发展，都要经历数代人呕心沥血的积累和沉积，才有今天的成就和地位。实验教材的发展、教学内容的更新，都凝聚着几代人的辛苦付出。教师可以通过介绍教材、教学内容等发展历程，教育学生对待学校及对学校发展做贡献的老一辈人要懂得感恩。

4. 增强对父母的感恩意识

恩深莫过于父母。人的成长，最离不开父母的哺育。在实验教学过程中，教师可以通过对学生健康、生活等方面的关心，引申出父母对学生的关心，在潜移默化中强化学生的家庭意识，增强学生对父母的感恩意识。

5. 增强对生活群体和个人的感恩意识

热力学第一定律 $\Delta U = Q + W$ 是化学领域最经典的公式之一，它蕴含着深刻的思政哲理。从公式中可知，体系的内能 U 只可求解其变化值，却无法求解它的绝对值。这一公式的内涵，可以给学生三点启示，其一是要增强个人修养，时刻保持谦虚谨慎的态度，每个人短期的成功仅仅能够说明这一段时间内 ΔU 相对较大，但这是一个变量，不是永恒的。其二是要树立远大理想，如果不努力，永远不知道自己的内能U究竟有多大。其三是要增强民族自信心，虽然现阶段有些西方国家比我们发达，但我们中华民族有五千多年的历史，底蕴深厚，内能无限，只要我们努力，一定可以实现中华民族的伟大复兴。无论是短期目标还是远大理想，都离不开所生活的群体和个人的支持和指导，因此通过这个启示，可以增强学生对生活群体和个人的感恩意识。

一个人是否拥有感恩意识，不仅关系着个人的生涯发展，更关系着国家与社会的前途和命运。培养学生的感恩意识，实践类课程是非常有效的载体，特别是占培养计划很大比重的实验课程，更是值得在实验教学中融入思政元素，经过长时间地培养和熏陶，强化学生的感恩意识。通过努力，实验课程不仅可以让学生感受到专业使命感，也能把学生培养成为具有创新能力和感恩意识的时代新人。

教育工作者站位要高，目光要远，注重培养学生服务国家战略需求的责任意识和大局意识；扎根中国大地，走脑入心，增强学生的四个"自信"；以正能量视频、实例为载体，培养堪当民族复兴大任的社会主义建设者和接班人。

四、综合实验课构筑专业情怀

综合实验课是针对本科高年级学生开设的实践类课程，旨在提升学生利用所学专业知识分析和解决实际问题的能力。因此，各个高校在课程设置时都非常注重综合实验课程建设，从课程内容的撷选、教学方法的更新、实验条件的升级等多个角度入手，全力提升综合实验的教书育人效果。综合实验课程具有涉及知识面广、综合应用性强、培养目标明确等特点，在培养学生专业能力方面起到十分重要的作用。其实，综合实验课在培养学生专业情怀方面同样具有积极作用，同样需要教育工作者重视。

（一）综合实验课是良好载体

所谓情怀，是指含有某种感情的心境。专业情怀，是对专业的热爱、执着和依恋的心境。近年来，大学生专业情怀呈现弱化倾向，专业情怀欠缺主要体现在不热爱自己的专业、择业与所学专业相关性不大等方面。产生这种现象的原因一方面是由于学生受到周围不对称信息的干扰，另一方面则源于高等教育对于专业情怀培养的重视程度不足。从业人员只有拥有了专业情怀，明确自己在专业发展中应履行的责任，才能够爱岗敬业，"嚼得菜根，做得大事"，把专业情怀转化为奋斗的激情落实到现实行动中。专业情怀是爱岗敬业人士奋进的源动力，也是高校期望自己培养的毕业生能够具备的良好品质。在教学实践中，我们可以通过综合实验教学，运用辩证唯物论原理，坚持科学发展观和实践出真知的原则，在授课过程中利用多种教学形式或内容载体，赋予专业情怀孕育的土壤，在潜移默化中实现学生专业情怀的养成。

现今，教学改革的基本理念是用创新发展理念引领教育创新与创新教育，用绿色发展理念引领生命教育与生态教育，用协调发展理念引领区域教育均衡发展与各级各类教育协调发展，用开放发展理念引领教育开放与教育国际化，用共享发展理念引领教育公平与教育扶贫。我们在坚持教育改革基本理念的基础上，分析问题的原因，探求解决的方案。培养并强化学生的专业情怀，我们应从学生正处在人生"三观"形成期且可塑造性强等特点入手，通过综合实验课这一培养学生专业情怀的载体，从专业知识、教学手段、思想引领、行为感化、氛围熏陶等角度着手，在润物无声中达成培养学生专业情怀这一育人目标。

（二）探索积极有效措施

在综合实验教学过程中，我们不仅重视对学生专业能力的培养，而且关注综合实验的育人功能，尝试通过情景体验、身体力行和情节感化等方式，激发学生对专业的热爱，培养学生的专业情怀。

以华东理工大学一流学科应用化学本科学生的综合实验课程为例，我们开展了积极的探索。该专业的综合实验大部分包括文献调研、方案设计、实验操作、报告撰写、结果分析等多个环节，综合了个人专业水平、专业情怀、实践能力和心理素质等诸多因素，既需要利用专业知识达成实验教学目标，也需要利用教学实施细节渗透，实现对学生的人文关怀和德育培养。我们以综合实验为载体，从课程内容设置和教学方法更新等诸多方面加大人力、物力和财力的投入力度，多角度全方位地培养和提升学生的专业情怀，重点从以下四个方面着力。

1. 精心设置实验内容

一要注重实用性。综合实验的内容要注重理论联系实际，贴近日常生产生活，让学生产生学以致用的成就感。以我们开设的"AZO超声模板合成及应用研究"实验为例，实验制备出的产物AZO是一种良好的导电粉体，可以作为抗静电涂料的导电填料，实用性极强，学生可以带着浓厚的兴趣积极探索。

二要提升前瞻性。前瞻性的实验内容，能够让学生感受到科研前沿，明确所学专业的发展方向，对未来更有预见性，此外，美好的发展前景容易激发学生产生强烈的荣誉感。提升实验内容的前瞻性，也有助于激发学生的学习动力。

三要强化趣味性。综合实验内容不同于验证性基础实验，更加强调培养学生利用专业知识解决实际问题的能力。因此，在内容设计上应强化趣味性，让学生学在其中，乐在其中，热衷于探究学科知识，引导学生把更多的时间和精力投入到专业学习上。

四要突出专业性。综合实验的内容要突出专业性，换句话说，就是要解决一些非专业人员无法解决的科学问题，从而培养学生的专业认同感。因此，在设置实验内容时，可以重点聚焦几个专业知识点，强化专业知识的重要性。

五要体现社会性。综合实验的内容应结合时代热点问题。比如，目前全球最为关注的是能源和环境问题，这在综合实验课程设置时应有所体现。应用化学专业综合实验设置了利用光催化技术解决环境问题的相关内容，可以使学生切身感受到自己所要从事的专业是被社会所需要和认可的。

六要明确责任性。任何一个学科的形成和发展都经历过多年的积累和沉淀，在社会发展进程中发挥过重要作用。学生是未来学科专业的继承人，应履行相应的职责，担负起推进学科发展的重任。

七要彰显使命性。综合实验除了培养学生的学科专业能力外，还需要从育人角度提升学生的综合素养。在实验内容及教学细节方面，尽量彰显学科的魅力和发展紧迫感，强化学生的专业使命感。

2. 改进传统教学模式

教学模式恰当与否，直接影响教学效果的好坏。为了培养学生的专业情怀，我们尝试引用了以下教学模式。

（1）"双线"教学模式。在针对本科高年级学生开设的综合实验教学过程中，探索通过"线上"兴趣引导、安全预警、操作示范，"线下"课堂详解实际操作的"双线"教学模式，有针对性地培养学生理论联系实际的能力和风险防控能力，挖掘其将专业知识应用于科学研究的创新潜质。

（2）增加方案设计环节。在授课过程中增加方案设计环节，不仅可以让学生感受创新的乐趣，也有利于培养学生查阅文献、独立思考的能力，这个环节可与进一步的研究生阶段学习接轨。

（3）完善结果讨论环节。要求学生对实验操作和实验现象进行思考与讨论，可以让学生领悟到不仅要完成实验任务，也要学会分析与改进，做事要精益求精。

（4）注重细节创新。把每一个知识和操作细节落到实处，让学生不仅知其然，更要知其所以然，从而形成对专业学习的敬畏情结。

（5）改进实验报告形式。以往学生撰写实验报告大多采用抄写原理、叙述步骤、记录实验数据等方式。我们则强调要让学生注重记录实际操作中的发现、对现象的思考以及对实验结果的感悟。

3. 创新成绩考核机制

综合实验教学改革，不仅包括更新课程内容、改进教学方式，还应注重创新成绩考核方式。我们主要在以下6个方面进行了探索。

（1）标准明晰化。每个实验都有相应的培养目标，因此我们要对应完成的程度制定不同的分数标准。一方面让学生有明确的努力方向，另一方面给任课教师提供评分参考，避免平行班不同教师出现评分差异情况。

（2）阶段式评分。按照课程进度，对学生不同阶段的表现进行评估，分阶段评价学生成绩。阶段式评分模式一方面有利于及时发现学生某一阶段存在的不足，另一方面可以督促学生认真对待每一个实验环节。

（3）能力与德育并行。注重考查专业能力的同时，更要关注学生的德育表现，比如社会责任感、风险意识、诚信度等，同时应强化学生的团队协作意识并培养专业荣誉感。

（4）方案加分制。在实验过程中，学生如果设计出新的实验方案，应对其进行加分鼓励。新时代下，教师对学生的培养不应是机械式、灌输式的，而应引导学生自主学习、追求创新，鼓励其发散性思维。

（5）创新奖励制。对于学生在综合实验中完成的具有创新价值的研究成果，比如软件程序，如果能够为今后开设实验而借鉴使用，则可以考虑通过购买学生成果的方式，鼓励学生积极创新。

（6）建议表扬制。在传统实验教学仅关注实验基本操作与结果的基础上，要更多地培养学生对实验的思考与对专业的感悟，鼓励学生大胆提出实验教学建议，提升难操作、难理解的实验教学内容和教学效果，对写出实质性建议的学生加以表扬并给予总评成绩加分处理。

4. 拓展教书育人时空

（1）深入课题组。学生可以进入课题组，实现对综合实验更为深入的了解。由于实验课时有限，学生对做实验的目的、意义以及产物的应用通常了解得不够全面。深入相关课题组可以帮助学生加深对课程内容的理解，扩大专业知识面。

（2）挖掘社会资源。在实验教学准备过程中可以充分挖掘社会资源，如公司、研究所及其他兄弟院校等机构。了解所学专业知识在实际生产、生活和研究开发中的作用，有助于提升学生对专业的喜爱程度。

（3）拓展网络空间。充分利用网络资源，补充综合实验涉及的各种知识。网络空间无比广阔，学生可以利用网络资源完成文献调研，扩展知识面，提升专业综合素质，并为进一步深造奠定基础。

（4）接轨国际前沿。引导学生关注国内外名校资源，了解学科最新发展动态，关注并积极参与专题研讨和学科论坛，通过交流互动，拓宽国际化视野，领悟学科内涵。

（三）实施效果分析

高等教育的目标是培养能够肩负历史重托，具有专业情怀和创新意识的时代新人。专业情怀与职业生涯发展密切相关，而学生专业情怀的养成需要国家、社会、高校共同创造条件，经历长时间的培养和熏陶。

为了促进学生专业情怀的养成，除注重思想政治教育外，我们尝试通过综合实验课程作为载体，利用其知识性、趣味性、实践性、前瞻性等为一体的课程特征，以科学发展观为指导，培养学生对行业的好感，强化学生的专业情怀。让学生在综合实验课程中感受专业使命感，努力把学生培养成为拥有强烈专业情怀的社会主义事业接班人。

1. 激发专业荣誉感

任何学科要实现可持续发展，都离不开该领域从业人员的刻苦钻研和技能传承，更需要有热爱专业、以所学专业为荣、以学科发展为己任的责任意识和担当精神。行业新人拥有专业情怀，对于实现一个学科的可持续发展至关重要。只有专业人士拥有专业情怀，才会以专业发展为基础进行职业生涯规划，视学科发展为己任。

综合实验是以学科知识的实际应用为导向，不仅可以培养学生的专业技能和创新能力，让学生养成理论联系实际的思维习惯，还可以把枯燥的综合实验与实际生活紧密结合起来，让学生从生活中感悟促进专业发展是自己的职责所在。近年来，我们牢牢把握综合实验这一教育时机，润物无声、潜移默化地熏陶和教育学生，让学生在完成综合实验的过程中培养学科情感，在灵魂深处构建专业情操。比如，通过讲述杰出前辈的成长故事和光辉事迹，弘扬他们为专业奉献的高尚品行，多途径激发学生的专业荣誉感。

2. 培养学科使命感

通过综合实验教学，培养学生专业技能的同时，还要注重对学生社会责任感和学科发展使命感的培养。在综合实验课堂中，专业情怀还体现在学生热爱自己的专业，愿意为完成综合实验尽自己最大的努力，并为实验中的相关行为负责。在教学过程中，教师会严格要求学生，本着为自己、为他人、为社会负责的态度，认真完成每一个细节，这为学生步入社会能够实现安全发展打下了坚实的基础。我们会将学科发展使命感和紧迫感的理念与典型学科热点事例融合，强化学生事必恭谨的工作态度，养成积极向上的职业精神和良好的科研及生产习惯，让学科使命感深深植根于学生的脑海中。

3. 产生职业认同感

众所周知，让从业者产生职业认同感，有利于学科从业队伍的发展壮大。以化学化工行业为例，化学是人们认识周围世界、促进学科交叉发展的核心学科，它为我们提供物质基础，解决人类衣、食、住、行及日常生活用品等诸多问题。化学在知识进步、环境保护和经济发展中起到重要作用。比如，环境污染治理和能源危机的解决，是现今全球关注的热点问题，这两大矛盾的解决显然依赖于化学化工行业的高速发展，更离不开化学化工领域专业人才的智力奉献。

4. 强化民族自豪感

民族自豪感是一个人对国家、对民族、对人类繁荣和进步而产生的一种高度认同、充满信心的情怀。综合实验课程的前期教学内容是文献调研和方案设计，需要系统调研国内外的研究现状，这一过程能够让学生明确自己的国家以及行业前辈在相关专业中所处的地位，感受到国内外的发展差距，激发学生为国家发展贡献力量的责任感和使命感。

5. 坚定职业人生归属感

社会上常有一些成功人士在公开场合自豪地宣称自己是"金融人""化学人"等，这在一定程度上反映了这些公众人物的职业人生归属感。通过综合实验课的培养，可以强化学生的职业人生归属感，让学生坚定信念去从事自己所热爱的专业，并坚定为自己所从事的专业奋斗终生。

五、责任意识培养的建议与展望

（一）需要高校引起重视

一个没有责任感的人不值得信赖，不能委以大任，更不足以立身；一个没有强烈责任感的民族，将是没有希望的民族。高等教育的目标就是培养能够肩负历史重托，具有责任意识和创新精神的一代新人。因此，高校应重视学生责任意识欠缺这一重大现实问题。

应用型专业课与社会生产生活密切相关，高校可以以这些课程为载体，让学生在实践中去体验、去承担，增强他们的责任意识，努力把学生培养成为有理想、有知识、有责任的新一代优秀大学生。

（二）制定相应考核制度

目前，大学实验课程的考核制度还停留在仅根据实验操作能力和实验理论水平进行评定的阶段，很难对学生失责的言行起到有效的约束作用。由于对学生的责任意识进行定量评价在实施操作上还存在相当大的困难，现阶段还不能够把责任意识纳入高校成绩考核体系中，也就难以通过传统的考试有效约束学生的失责言行。为了保证实验各个环节中责任的落实，可以制定一些相应的责任考核制度，以科学观为指导，坚持科学性原则，制定体现责任意识的考核体系。采用实验操作技能、理论水平与平时责任意识表现并行的评分模式，一方面可以引起学生对化学实验课的重视，另一方面，在制度的约束下，也有利于学生责任意识的培养。

第三节 创新实践增强学生潜能

一、依托平台：华东理工大学奉贤校区创新实践基地

现阶段，高等院校非常重视对学生创新能力的系统训练，致力于全面提升学生的科研素养。华东理工大学化学与分子工程学院针对两个校区（徐汇校区与奉贤校区）办学的特点，以奉贤校区化学实验教学中心这一创新实践基地为平台，开展了以"化学改变生活"为主题的系列创新科研实践活动。

奉贤校区化学实验教学中心是上海市第一个国家级化学实验教学中心，理念先进、管理开放、设施一流，为学生的创新实践活动提供了极佳的支持。本着"一切为学生着想"的理念，该中心从新建之日起就对实验楼以及通风、水电、煤气、真空等基础设施进行了系统的设计，力求向科学化、标准化、绿色化的国际水准看齐。学生实验室全部朝南，宽敞明亮。通风井的自然排风既环保又能去除异味。所有实验室均安装有投影和视频交互系统。实验室不设地漏，有效防止了废气冒出对环境造成的污染，而采用防火、耐磨、耐腐蚀的陶瓷台面，是国内基础教学实验室首创。

为了培养学生的实践能力和创新精神，化学实验教学中心实行开放性实验教学模式，除大一学生的化学实验采取跟班教学模式外，在规定的时段内大二和大三学生可任意选择实验时间。该中心开发了多种网络教学资源，包括介绍实验原理和实验技术的多媒体课件、实验预习系统、实验帮助系统、网上实验选课和成绩管理系统、实验课后测试系统等，形成了环

环相扣的实验教学质量保证体系。以实验教学课件为例，几乎每一基本操作都有视频录像和化学实验虚拟系统。该系统首先展现实验相关的背景知识，然后展开完整的实验原理和方法，原来课本上抽象的示意图被实物照片或3D模拟图所替代，学生可以在由三维动画所展现的虚拟实验室中进行虚拟操作，得到身临其境的感受。

化学实验教学中心一直秉承"少而精、博而通、学研结合，培养创新型卓越工程师"的工科化学实验教学理念，不仅拥有一流的实验环境、先进的仪器设备、雄厚的师资力量，在信息化建设方面也走在同行前列，并形成了自制仪器设备满足实验需求的特色。这些为培养学生的实验实践能力奠定了良好的软硬件基础。

二、打造品牌："化学改变生活"活动

（一）活动历程

以"化学改变生活"为主题的系列创新科研实践活动旨在培养学生的创新思维，提升学生理论联系实际的能力，激发学生的专业学习热情。该活动最初仅面向化学与分子工程学院的低年级学生，经过多年积累，逐步发展成为由学校教务处和创新创业中心共同主办，化学与分子工程学院承办，获得立邦涂料（中国）有限公司支持赞助的，面向华东理工大学奉贤校区所有学院低年级学生的大型系列科学创新实践活动。

"化学改变生活"系列创新实践活动于2010年首次创办，至今已经成功举行了九届，各年度的主题依次是：化学与美食、化学与形象、化学与健康、化学与环境、化学与能源、化学与建筑、化学与生态，化学与安全、化学与城建。活动的选题以接近生产生活实际，挖掘化学在其中所起

的作用为宗旨，引导学生用专业知识思考生活中遇到的问题。比如，2010年的活动主题是"化学与美食"。中华美食文化源远流长，"酸、甜、苦、辣、咸"讲求的是五味调和，落实到精细化工领域则是原料搭配；"鲜、嫩、酥、脆、软"则与烹饪火候密切相关，细思则是化工领域的"三传一反"问题。一道"色、香、味"俱佳的美味佳肴在制作过程中，蕴含着丰富的化学知识。原料间发生的化学反应、制作过程中产生的热力学和动力学问题等，看似简单，却让化学从业者深思和探讨，回味无穷。学生可以从化学的角度选题立意，重新审视美食的化学之根，展开自己的调查研究。再如，2011年的活动主题是"化学与形象"。"形象"一词词义甚广，万物皆有其"形象"，比如个人容颜、着装、企业文化、建筑物风格、城市污染及绿化等，皆为形象。学生要从化学的角度立意，阐述化学在改变某一事物"形象"中所起的作用或者蕴含的化学原理。2018年的活动主题是"化学与城建"，学生可以做更为发散式的选题，内容可以包含城市污染治理、节省能源、智能建筑等诸多方面。历届的活动主题都源自生活，能够引导学生关注身边的化学问题，学以致用，培养学生的化学专业情怀。

（二）活动内容

该活动的开展经过数年的积累，日臻完善，已经形成了系统规范的流程，下面以某一年的活动为例进行介绍。

1. 论文选题

学生要围绕创新活动的主题，选择自己感兴趣的研究对象，通过调研及查询资料，进行归纳总结，自拟题目撰写科技论文。论文要求主题明确、内容具体，字数在3000字以上。

对于选题和论文撰写，我们特别强调选题要新颖，且范围不宜过大，必须从专业角度阐述科学问题，观点明确，写成专业性较强的科技论文，避免内容空洞，泛泛而论。论文格式必须规范，否则论文成绩将直接被认定为不合格。如何选题，对学生来说一直是完成该创新实践活动最难的地方，承办方对此需要投入更多的时间和精力加以指导。

2. 专家辅导

活动开展期间，我们邀请知名的专家教授针对科技论文如何选题、如何撰写高水平科技论文、如何扩大学术视野和拓展科研思路、如何申请大学生创新实践项目、怎样制作科技海报和PPT等，为参与活动的学生作专题辅导报告。我们还邀请了外语学院专门从事学术英语写作研究的教师作关于如何用英语撰写科技论文的专题报告，让学生很是受益。

3. 论文评审

活动中，邀请与活动主题相关专业的教授对学生提交的论文进行评选，并在优秀论文中优中选优，组织这些优胜组的学生进行内容交流与讲解，并制作科技海报集中展出（学生提交电子版即可，由承办单位统一制作）。在评审环节，教师们不仅会给出修改意见，还会跟进论文的修改，辅导学生制作科技海报和PPT，让学生的科研基本素养获得全面培养和提升（见图3-1）。

（三）活动规则

（1）参加活动的学生自行组队，每组人数不超过3人，指定一位学生作为小组负责人，并填写报名表，在规定的时间内发到指定的活动专用邮箱内。在报名表上，学生需要做出如下承诺："所有参加人员保证在整个活动过程中诚实守信，不抄袭作假，认真撰写科技论文。如能够进入优胜组，将认真完成后续的海报制作、答辩等环节。"

（2）活动进程安排（以2015年第六届活动为例）。

① 3月27日～5月18日，在奉贤校区进行选题、写作等专题辅导讲座

图3-1　学生制作的精美科技海报

（一般用时8~10个星期）；

②5月18日（星期一）中午12：00前，将论文的电子版发至创新活动专用邮箱，过期不再受理（请用论文标题加负责人的姓名作为电子版论文的文件名）；

③5月18日~5月22日，承办单位组织相关专家对提交的论文进行评审。评审时间一般为1个星期，成绩分为优秀、合格和不合格三档；

④将修改意见反馈给被评为优秀论文的小组负责人，提交修改稿的截止时间根据学生的课业负担适当调整，一般不超过10天；

⑤化学与分子工程学院组织专家对优秀论文进行再次评选，在优秀论文中"优中选优"，确定参加答辩的小组名单。讲解时间为8min，需脱稿，坚决杜绝读PPT或纸条。答辩具体时间、地点及要求等事宜会另行通知到每一位进入答辩环节的同学。

（3）活动中如发现有严重抄袭者，将永久取消参加此活动的资格。

（4）所有获得合格以上成绩的论文作者都将获得创新学分，不合格论文则不给作者创新学分。

（5）进入优胜组的学生如中途退出活动，将取消本年度和下一年度的活动参与资格，并且失去本次活动的创新学分。

（四）答辩流程

答辩时，每组脱稿讲解8min，评委提问2min。担任评委的有来自立邦涂料（中国）有限公司的行政领导及技术中心的专家，还有来自华东理工大学无机化学、有机化学、分析化学、精细化工等不同专业的专家教授。高分的评定标准是选题新颖、讲解内容丰富、论据有力，并要求主题突出、层次分明、结构严谨、逻辑性强、语言表达流畅、具有较高的学术价值；答辩过程中能够正确回答评委的提问，有较强的应变能力；答辩所用的PPT制作精美、图文并茂；报告人能在规定的时间内清晰地介绍论文内容等。

（五）奖励办法

（1）每届活动设一等奖1组，二等奖2组，三等奖3组，优胜奖若干。

（2）获奖各组所有成员除获得物质奖励、立邦涂料（中国）有限公司制作的奖杯和获奖证书外，获得三等奖以上的学生还将获得0.5个创新学分，作为对课外活动努力付出的认可。

三、效果分析：综合素质全面提升

以"化学改变生活"系列创新实践活动为例，本系列活动的开展，主要是为了引导奉贤校区低年级学生将自己所学的化学专业知识应用到实际生活中，在创新实践活动中尽享化学学习的乐趣，感受化学专业知识改变生活的力量。从训练效果角度分析，该活动对学生的创新能力培养起到的作用主要体现在以下几个方面。

（一）实现专业知识学以致用

"化学改变生活"活动探讨的对象紧扣现实生活，每年都有不同的主题。首先，学生需要运用自己的专业知识对从生活中获取的信息进行甄选，选定自己的研究对象。之后，针对这一具体问题进行深入剖析，得出科学合理的研究结论。在此过程中，选题、信息归纳、分析及总结，都需要运用专业知识来完成。在完成活动内容的过程中，将所学专业知识融会贯通，实现学以致用，这种理论联系实际的创新实践能力对学生而言尤为重要。

（二）全面培养创新综合素养

学生自主选题，系统查阅相关科技资料，再归纳总结成文。学生撰写论文后，要经过评审、修改、再评审、再修改等阶段，才能够进入最终的答辩环节。

活动期间，我们邀请的专家和教授不仅会为学生作专题辅导报告，还会对学生进行一对一的辅导，切实起到提升学生科研素养的效果。经过这些系统全面的训练，学生能够在答辩环节上紧扣主题、生动具体地展示自己的科技论文。比如，第五届活动一等奖获得者蔡璇同学围绕"生物质甘油水蒸气重整制氢气"这一主题，进行了层层深入的讲解，并对评委提问作了准确机敏的回答，让评委们赞叹不已。再如，第七届活动一等奖获得者桂凌峰同学针对"钙钛矿太阳能电池中不同种类光阳极的研究进展"作了精彩讲解，因其内容前沿具体、PPT整洁美观、思路清晰、语言流畅，吸引了答辩会场的每一位评委和学生。还有张琦等同学的论文、海报和PPT均采用英文撰写，思路清晰、表达准确，对于本科低年级学生来说，实为不易。

（三）拓展学习的时间和空间

"化学改变生活"活动虽然不像专业课那样有固定的教室和内容，却是化学专业知识"真枪实弹"的演习。学生只有从文献资料中获取课堂以外的化学理论知识，并通过调研和思考加深对研究对象的理解，才能够写出专业的、有深度的科技论文。在完成活动的过程中，学生还需要不断加深对化学知识的理解，做到专业理论的活学活用，实现实际应用与课程学习之间的相互促进，这些无疑都会提升学生对化学学习的兴趣，激发学生的创新潜能，掌握课堂上接触不到的知识体系，从而有效拓展化学知识学习的时间和空间。

图3-2　优质的科技海报浓缩展示了学生的收获

（四）大幅提高专业学习兴趣

"化学改变生活"活动，让学生切身感受化学知识的实用性，是激发学生专业学习兴趣的最有效途径之一。2012年，在华东理工大学60周年校庆之际，我们将三届"化学改变生活"活动取得的成果制作成了36幅精美的科技海报（见图3-2），于校庆期间，在奉贤校区实验五楼大厅集中展出，作为向华东理工大学六十华诞敬献的特别贺礼。这些科技海报集科学性、趣味性和美观性于一体。学生对海报制作追求完美的态度，体现出了他们对化学相关专业的热爱，同时也展示了本科学子运用化学专业知识审视周围事物的能力。这次展出引起华理学子的广泛兴趣，观看这些海报的其他学生也切身感受到了化学学习的广泛用途和乐趣。

（五）影响力广泛，辐射校园内外

一直以来，教育部高度重视学生创新实践能力的培养，华东理工大学也是身体力行，全方位多角度开展各类活动，强化学生综合创新实践能力。"化学改变生活"创新实践活动每届历时4个多月，每届活动都有二十余名教授参与其中。该活动是提升学生科学素养、培养创新能力计划的重要组成部分。至今，已有来自化学与分子工程学院、材料学院、化工学院、资源与环境工程学院等多个学院的1300余名低年级本科学生参加了该活动。

开展"化学改变生活"系列活动，成功地引导了低年级本科学生走近科研、热爱科研，提升了学生的创新思维和理论联系实际的能力，为学生独立完成校级、市级、国家级的大学生创新实践项目奠定了良好基础。在参加活动的本科学生中，已有多名学生以第一作者的身份在SCI收录的国际科技期刊上发表了自己的研究论文，成效显著。

"化学改变生活"系列创新实践活动得到了众多老师的支持和学生社团的帮助，经过几年的改进和完善，在全校学生中的影响力不断提升，并被凤凰教育、中国涂料在线、慧聪网等网络媒体报道。在华东理工大学和立邦涂料（中国）有限公司的共同支持下，"化学改变生活"系列活动也在不断增加人力和物力的投入力度，已经建设成为华东理工大学校园内最有特色的创新实践活动之一。该活动的育人效果已经得到证实，不仅可以在华东理工大学开展，还可以推广到其他兄弟院校。

第四节 由内涵建设凝心聚力

一、探索"真心"加"策略"班导师工作模式

班导师是高校针对本科班级设立，集"班主任"与"学业导师"双重身份于一体，在实施人才培养方案的过程中，对班级学生的成长主要起到引导、督促等作用的老师。

（一）"真心"加"策略"模式十分见效

不同社会发展时期，班导师的工作内容会有不同的要求，对于"90后"甚至"00后"的新一代大学生来说，成长阅历、家庭环境等与过去相比都发生了很多变化，班导师的工作方式也需要与时俱进。

我所在的学院高度重视班导师工作，经常组织班导师进行经验交流，教师们从中受益匪浅。我有8年的班导师工作经验，从接手的第一个班级开始，就探索采用"真心"加"策略"的工作模式，与第一个班级共同度过了4年的大学生活，班导师工作中常遇到的问题基本上都经历过。由于真心付出，对待问题能够未雨绸缪且主动寻求问题的最佳解决方案，效果

非常好，得到了学院、学校的充分认可。这个班级的学生毕业后，我又先后接管了一个成绩薄弱的班级和一个优秀生班级，依然是真心对待学生，并将遇到的每一个问题都作为一个研究课题来对待，努力寻找最佳解决方案，同样取得了满意的工作效果。

（二）"真心"加"策略"模式具体解读

结合具体实例，我将近年来采用"真心"加"策略"的班导师工作模式的实践体会，总结如下。

1. 开学初严要求，勤疏导

良好班风的养成，将影响班级学生的整个大学生活。新生入学初，我提出了非常朴素的七字要求："遵纪守法走正路"，并根据华东理工大学奉贤校区当时特殊的地理位置和新校区运行初期的特点，提出了"安全第一"的基本原则。引导学生树立正确的学习观，提醒他们大学生活绝对不是有些高中老师所说的"到了大学就轻松了，可以不读书了"，更不能以所谓的"天之骄子"自居。结合当前的就业形势和社会竞争压力，让学生在刚入学时就树立起危机意识，同时将奖学金、保研、工作、出国与成绩之间的紧密相关性告诉学生，让他们认清自己的身份和责任，从入学开始就要端正学习态度，养成良好的学习和生活习惯，并立志全面提升个人综合素质。在入学初形成良好的班风，并加以适当引导，尽快实现班级管理自治，取得的效果要远远好于班导师直接参与班级事务管理。

2. 用真心去沟通、引导

在班级管理方面，我采用"点对面"与"点对点"相结合的沟通管理模式。如学生进入大二时，我们会重温大一刚入学时对他们讲过的内容，学生结合一年来自身的学习生活情况再去体会，感触会更深。大二第一场班会结束后，有几名学生当面或电话里向我保证，下学年一定要努力拿到奖学金。等到学生进入大三时，他们会面临学习、生活、思维方式等方面的较大转变。对于班级学生共存的问题，采用"点对面"的班会方式进行沟通；而对于个人成绩差异、学习动力、奋斗方向及人生目标等问题，则采用"点对点"单独沟通的方式。前者是解决普遍性问题采用的沟通方式，后者则是针对特殊情况采取的"心与心"的交流方式。由于采用两种互补的沟通方式，并把班级的每一位学生当成朋友，便能够随时掌握班级情况。

我向学生郑重承诺：事无大小，只要他们需要帮助，我都会努力去做。我经常与学生沟通的内容主要包括以下方面：一是学习上的问题，如有的学生尽管非常努力但成绩仍不理想，希望找到问题根源或者更好的学习方法等；二是生活上或感情上的小问题，最常见的是感情受挫。我把每一次沟通都看作是学生对自己的极大信任，真心地与他们交流。开展交流工作的基本原则是：**要让每一个和我沟通的学生找到答案和自信，同时也绝不让其他任何一个学生知道沟通的内容。**

3. 建立积极健康的竞争机制

在我带的班集体里，大家都非常团结。我给学生传递的观点是"大家的竞争对手来自全国甚至全球，班级同学是我们将来合作的伙伴，是一生的财富"。

每学期开学初，学习委员会把各门课程的教师答疑时间汇总后，发放到各个宿舍；同学们发现有好的习题资料，会用班费复印后发放给每一个人；学期末，成绩好的同学会主动带着贪玩的同学去自习。下学期开学初，班级会给成绩进步最大的同学发小奖品，激励他们继续努力。在这个集体里，大家非常团结，"看到别人在认真读书，拿到了奖学金，自己也不能松懈"，班级内部形成了良好的竞争氛围。用同学们自己的话说就是："生活在这样的班级，荣耀与压力并存"。

4. 狠抓学风，扼杀不良风气

在学风管理方面，采用"点对点"交流，"点对面"树典型的方式，努力创造力争上游的学习氛围。同时，采用"一对一"负责制的方式帮助后进学生，坚决遏制不良风气。

在大一下学期和大二上学期，班级也一度出现"打游戏热"的迹象。我当时是多管齐下，主要采用了六项措施：一是与打游戏的学生私下交流、谈心、规劝；二是让所有班委成员在全班同学面前表态，大学期间不打游戏，班会上班长带头表态；三是班委分工，每个人负责规劝一个爱打游戏的学生；四是制造舆论压力，在班会上我讲的原话是"当你喊一个同学去网吧的时候，请你一定要想起这样一句话：你不仅对不起你的同学，还对不起你同学的家人；当你在网吧要摸键盘打游戏的时候，请你一定要想起这样一句话：我已经是成人了，这样做对得起父母吗？"；五是去宿舍突击检查，召开紧急班会通报情况；六是与家长沟通，全面了解学生动态，做到学校、家庭相互配合。在这些措施的并行下，终于将不良风气扼制在了萌芽状态。

5. 发扬民主，注重班委建设

在班委建设方面，充分发扬民主，班委全部由学生选举产生，选出的班委必须用心为同学服务。班委工作的核心目标是"消灭不及格"！班级还有个规定，就是班委成员必须品学兼优，成绩与能力并重；如果出现两门课程考试不及格，将被解除班委职务。实行这个规定时也曾出现过一次特例：有一名班委因理科相对薄弱，再加上那个学期她身体不好，有两门课程不及格，几次找我要求辞去班委职务。我个人表示坚决不同意，因为造成该学生不及格的原因并非学习态度问题，而是由客观原因所造成的，我坚信她通过努力一定会把成绩赶上来。我在班会上阐述了自己的观点，得到了学生们的一致认同。随后的日子里，该同学每天最早起床，最晚回宿舍。经过一个学期的努力，这位同学不仅成绩优秀，而且还获得了奖学金，在班级里树立了威信，成为同学们刻苦学习的榜样。

经过梳理和考验的班委成员，成绩都比较好，工作能力强，富有奉献精神、感召力和凝聚力。为了引导学生热爱科研，班级还特别设置了"学术委员"一职，这是其他班级所没有的。设置"学术委员"的目的就是要引导大家利用课余时间了解科研、参与科研。班级的科研氛围很浓，几乎所有的学生都参加了大学生课外创新活动，一部分学生还发表了SCI论文。科研成果最多的一位学生以第一作者的身份发表了两篇英文SCI论文，一篇中文论文发表在核心期刊上，并有一项国家发明专利获得授权，该同学本科毕业后直接去美国攻读博士学位了。

该班级不仅成绩优异，而且团结上进，班级中优学、优干、优团、党员的比例非常高。2009年年底，该班级获得了学校"优秀班集体"的荣誉称号，60%的学生获得了奖学金，一半以上的学生具有保研资格。最终，该班100%的学生按期毕业且按期就业，其中大部分学生出国或保送研究生，继续深造。

（三）"真心"加"策略"模式应用案例

根据学院班导师工作的需要，我先后又承接了一个成绩较薄弱的班级和一个优秀生班，依然采用"真心"加"策略"的工作模式，取得了非常不错的工作效果。比如，对于那个成绩薄弱的班级，如何改变班级氛围，降低不及格率，是工作的重心。首先从改变班风着手。意识到班级学生已临近大三了，形成的风气要立即、彻底地扭转非常困难。于是，我们从对父母感恩这一最基本也最深刻的"爱"的角度入手，让不肯用功读书的学生产生"惭愧感"，从而转变他们的学习态度。学习态度转变后，接下去就是需要找到降低不及格率的突破口，让那些有潜力但存在较多不及格科目的学生尽快脱离不及格队伍。再以这些学生为典型，鞭策其他贪玩的学生。对于学习确实很吃力的学生，采用的办法是安排成绩好的学生，以通过课程考试为目的进行辅导。经过一个学期的努力，该班的不及格率从原来的40%多降低到10%以内。值得一提的是，我没有批评过任何一位成绩不理想的学生，而是采用了与这些学生谈兴趣爱好、聊家常等方式，不仅不会令学生感觉到教师在说教，而且会将我们要表达的观点结合感情因素渗透到聊天的内容中，让这些学生潜移默化地感受到学习的紧迫感，从而积极主动地学习。

对于成绩优异的优秀生班来说，所有的学生成绩都非常好，不担心能否及格。这个班级工作的重心则是如何使班级学生更加优秀，如何更好地帮助学生实现自己的理想。如何做好这个班级的班导师，我们还在继续努力中。目前，已经实现了班级学生间的相互帮助、资源共享，这对于建立良好班风具有至关重要的作用。比如，建立了积极、公开、透明的竞争机制，让学生相互帮助、相互鼓励、相互督促，而不是狭隘的相互嫉妒；建立了班级QQ群、微信群等，学生每有学习生活等方面的信息都会在群里分享，并不定期举行交流活动，沟通感情。上述这些管理班级的方式方法，我在带班级时均实践过，用实际效果**印证**了班导师"真心"加"策略"的工作模式，对于恰当引导当代大学生行之有效。

以上是我作为班导师的几点工作体会，诸多措施和方法并用起到了形成良好班风，引导学生向理想和目标迈进的效果。总结班导师工作，感触最深的是：对待班级学生，引导策略中要有"真心"，让学生感觉到真情；对学生的关爱要注意方式，不能是糊涂的爱，甚至溺爱。简而言之，只要班导师真心付出，对待班级事务像对待科研课题一样去努力寻找最佳解决办法，学生一定会提交一份让我们非常满意的答卷。虽然我负责过的班级各方面都非常不错，但仍觉得有很多地方做得不够到位，还需要不断地努力探索改进。

二、创设正能量软环境温暖工作氛围

一直以来，"学生之事无小事"是学生工作的基本准则。在全校范围内提高对班导师工作的重视程度，经过若干年的积累，便可形成良好的班导师工作氛围，建立起工作态度认真、措施有力的班导师队伍。

以华东理工大学化学与分子工程学院为例，该学院是华理学生规模较大的学院之一，也是最早进驻奉贤校区的学院，需要的班导师较多。学院现有班导师四十余人。在全院教师的大力支持下，学院的班导师工作开展得比较顺利。总结多年来学院班导师队伍建设的经验，有两点感触颇深，即"**正能量激发责任感，软环境温暖导师心**"。下面通过实际案例加以介绍。

（一）正能量激发责任感

营造积极向上的班导师工作氛围，能够增强班导师的责任意识。

1. 群策群力分析情况、解决问题

学院会定期召开班导师工作会议。开会时，班导师们会将各个班级的情况介绍一遍，重点阐述班级中出现的问题。大家做好记录后，再统一讨论解决的办法。班导师们积极发言、各抒己见，介绍解决这些问题的经验。通过交流互动，既能起到相互借鉴的作用，也能感受到他人认真负责的工作态度，进一步促进班导师工作的积极性。

2. 不定期开展工作经验交流会

开展工作经验交流会是学院每年要多次举行的活动。会上，学院邀请"资深"班导师介绍工作经验，为新班导师答疑解惑，为班导师提升自身工作能力提供了很好的平台。

3. 建立院级班导师奖励机制

学院对于所带班级成绩好、各项集体活动有特色的班导师，采取奖励措施。在精神表彰的同时，还给予一定的物质奖励。这既是对获奖教师工作的认可，也是对其他班导师的一种激励。

4. 发挥模范带头作用

学院班导师队伍中不乏教授博导。比如，黄永民教授早已是博导了，问他为什么要当班导师，他会用非常简单的话来回答："这份工作很有意义，我愿意和学生接触。"教授如此，其他班导师也是如此，他们在感受工作压力的同时，努力做好班级管理工作，不为其他，只为把这份工作做好。

5. 辐射奉献精神

一般来说，让老师奉献自己的科研或者休息时间，心甘情愿担任班导师，是一件比较困难的事。但在化学与分子工程学院，情况则大不相同，这类事例屡见不鲜。比如已经退休的国家级教学名师黑恩成教授，在某个班级学生成绩下滑，需要班导师给予更多关注和更多付出时，毅然选择做这个班级的班导师。他的用心与努力感动了全班学生，该班学生的成绩迅速提升。他的奉献精神让每一位班导师深受感动，花甲之年的老教授尚在为学生的发展而努力，其他晚辈教师就更无理由不为学生的发展付出了。

6. 重要阶段特别提醒

新生开学季、大一升入大二期间及每个学期的期末考试前期，都是班风、考风形成或维持的特殊时期。每到此时，学院就会召开专门的班导师会议，了解班导师在工作方面是否有需要学院解决的困难，并落实具体的工作安排，对班导师进行必要的提醒，避免工作上出现疏漏。

通过上述措施，学院形成了良好的班导师工作氛围。而良好氛围的形成，又有助于培养和激励新任班导师认真工作。比如，我院新加入班导师群体的教师，很快就会有这样的思考："其他班导师都在为自己的班级费心费力，自己做得是否到位呢？"班导师见面常常讨论的问题是："你们班最近班风怎么样？""我们班这次有两个学生不及格，贪玩不爱学习，有什么好办法？""最近学生打游戏的风气好像有点抬头，怎么处理最有效？""你们班成绩这么好，你是怎么带的？"没有抱怨，不讲辛劳，努力带好班级的观念已深入人心。

良好的工作氛围感染着每一个人，也激发了每一位班导师的责任心和使命感。班导师队伍任劳任怨，只为学生将来能有更好的发展。

（二）软环境温暖导师心

营造温馨的软环境，才能让每一位班导师开心地工作。班导师工作从"功利"的角度说，应该属于奉献范畴。他们的辛勤付出，维系了学院良好的教学秩序，为学生的发展提供了空间和舞台。学院的教学管理部门，也在尽全力为班导师队伍创造温馨的工作环境。

1. 学院是班导师最坚强的后盾

无论班导师在工作中需要什么资源，遇到什么问题，都可以向学院党政领导提出，学院会在第一时间给予解决，这让班导师的工作有了"底气"。班导师只需把工作做好，绝无后顾之忧。

2. 多渠道了解班导师遇到的困难

不仅是主管教学工作的副院长、系主任经常与班导师交流，学院的分党委书记也会亲自找班导师谈话，了解班级情况及遇到的问题，为班导师的工作提供支持和帮助。

3. 尽可能为班导师工作提供便利

比如，个别班导师在期末阶段要为班级成绩比较薄弱的学生"开小灶"，需要一个集中自习的教室，学院就会提供会议室作为场地。

4. 做好班导师工作的后勤服务

学院会尽可能提前想到班导师在工作中可能遇到的问题，并做好安排。比如，迎新之际，有些班导师因为路途较远，每天早起晚归去奉贤校区非常辛苦，需要在奉贤住宿，学院办公室会主动解决他们的住宿问题。

5. 尽全力让班导师感到温暖

让每一位班导师尽职尽责、开心快乐地工作，是我院班导师队伍建设的出发点和基本宗旨。学院不仅了解班导师的工作情况，也会关心年轻教师的生活问题，尽可能地为他们的自身发展提供帮助。

在学院党政领导的重视和全员教师的大力配合下，化学与分子工程学院班导师工作得到了学生的高度认可，各年度的测评成绩基本为优秀，近几年，学生测评分数大多在95分左右，这是对班导师辛勤付出的认可，也是对我们工作的激励。

建设好班导师队伍，促进学院本科教学工作快速发展，是很多学院努力的目标。正如笔者总结的那样：对待班级同学，引导策略中要有"真心"，让学生感受到真情。只要班导师真心付出，对班级事务像对待科研课题一样去努力寻找最佳解决办法，学生一定会提交一份让我们非常满意的答卷。作为教学工作管理者，只要我们多一份付出和关爱，为班导师队伍提供强有力的保障和温馨的工作环境，班导师也一定会带好学生，让学校的明天更加辉煌。

三、鼓励青年教师形成独特的教学风格

青年教师如何站好讲台，是一个"古老"的话题。在高校教师队伍

不断年轻化，青年教师已成为高校教学、科研、管理等方面骨干力量的今天，青年教师如何站好讲台、形成自己的教学特色更加具有现实意义，值得重新提出来讨论。站好讲台、做好教学是一名合格高校教师的立足之本。很多青年教师虽然意识到了教学的重要性，却不知如何才能站好讲台。最普遍的做法是随堂听课，学习、汲取老教师丰富的教学经验，这样虽然能够取得事半功倍的效果，但如果简单机械地模仿，没有努力形成自身教学特色的意识，不仅有碍于个人的进步，更不利于国家教育事业的发展。我结合自己的工作经验，浅谈青年教师如何站好讲台，形成自己的教学特色。

（一）青年教师要形成自己的教学风格

教学特色是教师教学能力的外在体现，是教学理念、技能方法、师德风范、个人魅力等诸多方面的有机结合。形成自己的教学特色，是教师职业能力和水平的重要标志，将直接影响教学效果的好坏和教师职业生涯的发展。

一名优秀的青年教师应该具有创新性的教育观念、知识结构和教学方法，通过行之有效的、现代化的教学方法和手段，逐渐形成自己的教学特色。在工作中注重自身能力的培养和教学特色的形成，通过对自己的严格要求及不断学习，提高自身的综合素质，真正成为教师队伍中有实力的"新鲜血液"。青年教师要充分利用自身的年龄、阅历、体力等特点，用真爱塑造良好的师生关系，用良好的精神面貌，紧跟时代的课堂信息，营造生动、自由、激昂、严谨而又和谐的课堂氛围，在实践中创新，用勤奋与执着来弥补经验上的不足，逐渐形成自己的教学特色。

（二）青年教师如何站稳讲台形成特色

1. 了解自己，准确定位

青年教师要站好讲台，形成自己的教学特色，首先要正确地了解自己，清楚自己的性格特征。比如，如果你是一个做事严谨、语言表达准确的人，则追求的风格应是论证严密、逻辑清晰；如果你给人的感觉是态度和蔼，擅长用"春风化雨"般的方式与人交流，则可以追求亲切温馨、循循善诱式的教学特色；如果你的语言非常幽默、能够将知识点巧妙地用生活化的、有趣的语言表达出来，这样的青年教师的课堂必然具有语言风趣、气氛活跃的特色；如果你的知识广博，善于从一个事物看到更多的方面，不拘泥于教材的内容和形式，则这样的课堂给学生的感觉必然是旁征博引、思路开阔的。总之，青年教师要形成自己的教学特色，必须要先正确地了解自己，给自己的教学一个准确的定位，走具有自己特色的教学之路，切忌脱离个人的实际情况，生搬硬套地模仿他人的教学方式。

2. 亲近学生，亦师亦友

青年教师精力充沛，在校学习的知识和工作后所涉猎的知识敏感点与学生相近，与学生的共同语言多，不存在代沟，且思维方式相近，师生之间有天然的亲切感，容易和学生打成一片，便于了解学生思想深处的问题。一些有进取心且初有成就的青年教师，往往还会成为学生的榜样，他们的思想和行为更容易被学生所接受和模仿。青年教师要充分发挥年龄优势，无论讲授理论课还是实验课，都要争取机会与学生多多沟通，和他们交流成长的心得，在潜移默化中鼓励学生积极上进，学好文化课程。

我刚走上工作岗位教过的那届学生，其中有很多都和我成了好朋友，他们经常会就个人阅历、生活中遇到的小事情、人生的奋斗方向等内容和我探讨。虽然课后我们是很好的朋友，但对待学习问题上，我仍是非常的严肃认真，学生中也没有一个因为和我关系好而不认真学习课程的。当时，我并没有采取说教的方式劝导他们用功读书，而是通过平时的交往，在潜移默化中对他们的学习态度产生了积极影响。

3. 勤奋敬业，严于律己

青年教师必须严格要求自己，尽全力上好每一节课。青年教师在经验方面不如老教师，但在教学态度上，一定要求真务实、一丝不苟、严格自律、爱岗敬业。青年教师要在授课细节方面下功夫，将课堂知识通过清晰的脉络、准确的语言传递给学生。通过声音和肢体语言等途径，展示青年教师积极向上、乐观进取的一面，让学生在学习知识的同时，身心受到鼓舞，振奋精神。

教学水平的高低与教师综合素养的好坏、学术水平的高低及课前准备是否充分密切相关。在走上讲台前，务必做好充分准备，对讲授的课程进行全方位的调研和总结，在综合国内外相关课程的主要内容和课时分配等情况的基础上，整理出清晰的课程知识主线，明确重点在哪里，并且对于课时如何分配、选择哪种教学方式及用怎样的语言来表达等，都要做到心中有数。青年教师打造精彩课堂，不一定要追求面面俱到，但必须主线清晰、表达准确、重点突出。比如，对于实用性较强的专业课来说，授课教师必须清楚每节课要让学生掌握哪些原理、采取哪种方式、按哪一知识主线讲解、这些知识在今后的工作中能够解决哪些实际问题，等等。

4. 设身处地，关爱学生

师者，之所以为师，"闻道有先后，术业有专攻，如是而已"。严格要求学生，是教师的职责所在，但我们也要学会换位思考，理解学生。比如，在课堂上，不允许学生睡觉、讲话、开小差，是对学生最基本的要求。然而，我们换位思考一下，全神贯注地听两节课（90 min），对谁来说都是件非常辛苦的事情。在学生听课感到疲倦的时候，需要我们调节一下课堂的气氛，穿插一点欢快的内容，放松神经，缓解疲倦。为了活跃课堂气氛，青年教师要有意识地培养自己的语言艺术，争取措辞幽默风趣。碰到个别学习困难的学生，要多发现他们的长处，经常鼓励他们，与他们建立良好的感情会激励他们努力学习。多年的教学经验告诉我们，对学生多一份理解，就会多赢得一份支持和尊重。

我们要用心去关爱学生。在平时交流中，青年教师要让学生感受到教师是他们的坚强后盾，在遇到困难时会不遗余力地帮助他们、支持他们，让课堂的严格要求与课后的亲切关爱并存。在充分利用课后答疑时间，解答学生疑难的同时，还要关注他们的学习困难点及兴趣点所在。学生碰到特殊情况时，我们要给予理解和鼓励。比如，在一次课前教室巡视时（这是我们的课前习惯，目的是增加与学生交流的机会），发现有位学生正在抄作业，问明该生确实因不可抗拒的原因而没有完成作业时，我们没有责怪他，而是在作业本上签字表示不作为推迟交作业处理，鼓励该生下次再交。从学生的眼神中，看得出他的感激与自责。后来，该生认真完成了作业，并且再也没有发生不交作业或抄作业的情况，成绩也非常不错。这虽是一件极小的事情，却使我们坚信：有时对学生的信任和鼓励比批评更有效！

5. 科研教学，相互交融

教学是学校稳步发展的根本，科研是高校加强内涵建设的重要组成部分。教学和科研是高校教学体系中密不可分的两个组成部分。教学离不开科研，科研可以带动教学。科研成果可以促进教学内容的更新，提高课堂的生动性和实用性。如果青年教师在授课的同时，把最新的科研成果和学科前沿信息引入课堂，结合自己的科研工作讲授相关知识，将有助于丰富课程内容，拓宽学生视野，让学生更深刻地理解所学的理论知识，感受课堂内容离自己并不遥远，使课堂教学更有深度和生命力。比如，我在讲授应用无机化学课程时，在功能材料的制备及应用一节介绍了α型纳米氧化铝基抛光粉的制备工艺及实际应用，并与实验室方法进行了对比。由于这个教学案例来自我们课题组的科研工作，且与实际生产生活密切相关，极大地调动了学生的学习兴趣，讲授该部分内容时课堂气氛活跃，学生的学习效果非常好。

6. 追踪前沿，拓宽视野

青年教师的课堂要有时代元素，青年教师要紧紧追踪科学前沿发展，充分利用网络资源，用国际化的视野搜集课程资料，将与课程相关的最新信息及时融入课堂，让教学内容具有鲜明的时代特色。比如，以色列科学家达尼埃尔·谢赫特曼因发现准晶体而获得2011年诺贝尔化学奖为例，我们在讲授"固体结构和固体性质"一章时，对该内容进行了介绍。再如，2011年9月23日，欧洲核子研究中心宣布发现一些粒子以超光速速度飞行。这一发现将直接挑战声称没有物质的运行速度超过光速的爱因斯坦狭义相对论，若被验证将改变人类的物理观，针对这一报道，我们在讲授"原子结构和元素周期律"章节时作了补充。只有不断更新课堂信息，为课程内容增添新的元素，才能够让学生感受到课堂的新意。

7. 讨论交流，教学相长

随着社会的进步和教育水平的不断提高，课堂已不再是教学的唯一形式，因材施教、课内外相辅相成的新教学模式被广泛提倡。青年教师可以在学校政策允许的范围内大胆创新，在客观条件具备的情况下，适当减少课堂讲授，辅以讨论及讲座等其他教学模式。比如，我们在讲授现代基础化学课程时，虽然课时比较紧张，但在每一章结束时，我们还是尽量争取能够在课堂上开展短时间的讨论，让学生总结这一章节的知识点，探讨部分理论的内涵及用途，针对理论的全面性和严谨性等问题发表自己的看法。

此外，每一堂课讲完，经过反思总会有一些心得体会，青年教师应及时将这些感受记录下来，供下次授课时参考。青年教师要勤于总结，通过与个别学生交流、召开小型学生座谈会或发放调查表等方式，收集学生对不同章节和不同授课方式的反馈信息，用于指导自己改进今后的教学方法与课堂教学实践。在教学中不断积累成功案例，不仅包括记录某一具体事例，也包括学生容易接受的一句总结性话语，甚至一个能够帮助学生记住某个知识点的小故事和小笑话，等等。通过不懈努力和点点滴滴的积累，青年教师定会逐渐从不成熟走向成熟，实现教学的日臻完美。

教学是一门艺术，课堂教学是教学工作的中心环节。青年教师要走上讲台并不难，但要站好讲台，形成自己的教学特色却非易事。青年教师只要从自身特点出发，结合性格特征、教育背景及成长阅历等，通过前辈的指点和自身的不断努力，就一定能够探索出具有个人特色的教学之路。

教育锦囊

⚙ 杰出科学家故事进课堂

科学离我们并不遥远，低年级学生一样有科学创造力。在2000年前后，有关纳米管的研究非常前沿，对于其机理的探讨是科学界的难题。知名的无机化学科学家李亚栋院士当年走在清华园里，秋天的树叶落在车筐里，叶子卷了起来。李院士想，是不是只要做出片状纳米材料就可以通过缩水等方式做出纳米管呢？在这样的创意下，一系列震惊学术界的成就在《自然》《美国化学会志》等最权威的期刊上发表，对于推动纳米科技的发展作出了巨大贡献。我们在课堂上常常向学生讲述这些身边科学家的故事，以实实在在的前沿创新成果开拓学生的眼界，鼓舞学生努力成才。

⚙ 玩中学，学中玩

"化学改变生活"活动已历经9年，让学生"玩中学，学中玩"，更加适合信息高速发展时代的大学生。以"化学与美食"这一主题为例，一位同学在家里自制了酸奶，不仅掌握了酸奶的制备过程，而且对酸奶的营养价值、作用机制等进行了充分的调研。有同学在吃烤鸭时也想到了化学问题，学生由此开始了解美拉德反应……，在答辩环节的表现，充分体现了学生们"玩中学，学中玩"中的所悟与所获。

4

探索新路

活的人才教育不是灌输知识，而是将
开发文化宝库的钥匙，尽我们知道的交给
学生。

——陶行知

新形势下，我国的高等教育亟需改革，教学改革呼唤新理念，课堂教学也需要新方向作指引。放眼未来，我国的新兴产业和新经济需要的是实践能力强、创新能力强、具备国际竞争力的高素质复合型新工科人才。为此，作为工科教师，我们的教育教学改革也应对标于此。

新工科概念的提出实质上反映了几个问题，一是我们现在的工科教育存在问题，二是我们究竟要培养什么样的人才，三是我们要采用什么样的方式培养新工科人才。在多年的教学改革探索中，我也一直在思考如何与时俱进地做好工科基础化学教育，培养面向未来的人才。我惊喜地发现，数年来我们在教学改革中的一些尝试，与目前的高等教育改革以及新工科建设的一些理念恰巧是不谋而合的，比如学生自主能力与创新意识的培养、实践能力与社会责任的养成等。现在，这些理念正在通过不断的实践渗透到教学与育人中。

立足于目前高等教育改革的新动向，在大学课堂教学中面临的新挑战，以及在此基础上进行的多年思考与教学实践，笔者进行了一系列的梳理，也列举了一些颇具成效的教学探索模式，与同行们分享。

第一节　改革势在必行

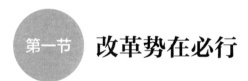

一、高等教育教学面临新形势

党的十九大报告指出，建设教育强国是中华民族伟大复兴的基础工程。中国目前已经步入了新时代。新时代是中华民族从站起来、富起来到强起来的时代。新时代的国家战略和目标都需要高等教育从人才、科技、服务等方面提供有力支持。中国的高等教育已经从规模扩张转变为质量提升的时代，并正瞄准世界舞台，向高等教育强国迈进。

如今，质量成为全世界高等教育最核心的关键词。相对应地，我国提出了高等教育要走内涵式发展的道路。建设世界一流大学和一流学科这一重大战略决策的提出，也在号召每一所高校从自身出发，激发创新活力，进一步提升我国高等教育的综合实力与竞争力。

新工科建设则是我国最新提出的一项持续深化工程教育改革的重大行动计划。它的提出建立在"卓越工程师教育培养计划"的基础上，具有应对新经济的挑战、服务国家战略、满足产业需求和面向未来发展的高度。

在新形势下，去适应高等教育发展与新工科建设的最新要求，切实地提升人才培养的质量也应成为每一位教师的第一要务。

二、教育教学改革需要新理念

世界上高等教育发展的最新理念是"学生中心"。在我国，"以学生为本"的理念，教育界也已是相当熟悉，并且一直在大力倡导。目前的关键问题就是这一新理念该如何在具体的教学中予以落实了。因此，在新一轮本科教育改革中，教师的关注点已不应仅停留在大学应该教什么上了，而是要关注大学应该怎么教，更要关注学生应该怎么学和学得怎么样上了。

立德树人，培养德才兼备、全面发展的人才，这也是当前我国高等教育改革相当重视的一个理念。希望我国的高等教育能够培养出社会主义的合格建设者和可靠接班人。我国在新工科建设中就提出要注重立德树人，培养德学兼修、热爱祖国、忠于人民、心系民族复兴、具备家国情怀的一流工程科技人才。

创新创业教育理念的提出，已经掀起了各个高校大力发展创新创业教育的热潮。这一理念十分有助于培养大学生的创新意识、创业能力以及提升个人综合素质。重视大学生的创新创业教育也同样有利于服务国家加快转变经济发展方式、建设创新型国家和人力资源强国、提升高等教育质量、培养全面发展的人才。

三、课堂教学发展呼唤新方向

课堂教学是高等教育改革是否能够真正落到实处的演兵场。教师的教学理念、教学设计、教学方法与教学成果都将通过课堂教学得以实现。因此，教师如果能够把握住课堂教学的发展新方向，那么高等教育改革的顺利实施，人才培养质量的提升就指日可待了。

现今的大学课堂首先应当培养具有正确价值观念、完善知识结构、扎实创新能力、宏大国际视野的高素质人才。其次，大学课堂应当注重将信息技术与教育教学深度融合。再者，大学课堂还应将创新创业教育纳入其中，通过相应的课程体系以及实践活动等载体加以发扬光大。

值得一提的是，办好我国高等学校，办出世界一流大学，必须牢牢抓住全面提高人才培养能力这个核心点。因而，大学课堂要培养能够适应时代要求、发挥自身才能、推动社会进步的高素质人才，就必须授人以渔、优化学生的知识结构和能力结构，使之能够较好地适应环境的变化，拥有终身学习和自主学习的能力。此外，大学课堂将来也更要注重站在全球的角度和全人类命运的角度去思考问题、思考人生、思考未来。

第二节 直面现实困境

一、问题：高中课改致教学复杂

在高中课程改革环境下，高中化学教学的目标和任务都有了新的要求，全国各地区不断更新教学内容及培养模式。2019年起，除语文、政治和历史采用全国统编教材外，其他科目因地域不同而在教材选择上存在差异。而社会对人才的要求标准越来越高，各类岗位对应聘者综合素质的基本要求不变，作为培养人才的大学，如何做好人才成长的衔接和铺垫，是一直要思考的问题。学生基础多元化、出口高标准化的培养要求，为大学教学带来了挑战，需要任课教师付出更多的努力来应对。

以工科基础化学为例，综合性高校工科基础化学往往要面向几十个专业的学生开设，学生人数可达1000～2000人。这些学生来自全国各地，由于各省市高中教学大纲及教学方法、理念各不相同，学生的化学基础差异很大。不同的学习背景使学生对授课内容、难度、进度、知识范围、列举实例的难易度等有不同的需求。在此情况下，让学生能够圆满完成课业，授课教师有前所未有的压力。

授课教师面临的问题不仅表现在平时授课过程中，还出现在拟定期末试题的时候。以往教师拟定试题主要是凭借多年的教学经验，基本能够控制考试的平均分数及不同分数段的人数分布。但在现今高中课改情况下，考试成绩容易呈两极分化状态，出现个别学生接近满分，而极少部分学生的成绩甚至是个位数的情况。对于工科基础化学的授课教师来说，课程本来就存在众口难调的问题，在现今高中课改环境下，面临的困惑和挑战更多。正确处理这些困惑和挑战，直接关系到教学效果的好坏，因此，必须引起各方的足够重视。

二、难点：学生学习能力差异化

我有多年的工科基础化学教学经验，对于每个章节的内容、知识脉络及重点、难点等都很清楚。但随着近年来各省市高中化学教学计划及培养方式的不断改变，面对新入学的学生却常感到棘手，需要进行多方面的调查和研讨来寻找应对办法。我们采用的教材是朱裕贞教授等主编的《现代基础化学》（第三版），从近几年的授课情况分析发现，前一学期授课遇到的问题最多，主要体现在以下几个方面。

1. 知识结构不同。各省、市不同的教学计划，使学生对化学各章节知识掌握的程度不同。最为明显的是，发达地区对实验教学比较重视，学生分析及解决实际问题的能力比较强；相对地，不发达地区几乎不做实验教学或做得很少，很多学生虽然清楚理论知识，但遇到需要解决具体问题时，却感到有些茫然。这些差异主要体现在实验课堂上。再如，浙江及江苏等地的部分高中，对电子排布等知识作了较详细的介绍，而上海地区的学生大多只有电子层的概念。由于这种知识结构的差异，导致教师在讲授原子轨道理论时，难以恰当地把握教学进度。

2. 知识深度不同。参照全国化学考试大纲，对于工科基础化学第一部分内容，大部分地区的学生都具备了一定的知识基础，但各个章节授课深浅度之间存在一定的差异。比如化学反应速率部分，东北三省及山东等地的高中拓展了化学反应速率的计算，并接触到了化学反应级数的概念，而西北部分省市的学生，仅学习了化学反应速率的基本概念及简单计算。

3. 选修科目不同。高考制度不断改革，以前除上海以外的其他省市，基本都采用"3+综合"的高考模式，在理科综合课程中，化学是必须学习的科目。而上海地区采用的是"3 + 1"模式，如果"1"选修的不是化学，这部分学生往往会在分科前就有了侧重科目。虽然他们也要参加统一会考或结业考试，但由于考试对知识深度和广度的要求都相对较低，有些不选修化学的学生依然不重视化学的学习，以至于连很多化学基本概念都不清楚，导致大学化学学习得非常吃力。甚至极少数学生以高中选修的不是化学为借口，逃避化学的学习。这部分学生如果不调整好心态，树立学好化学的决心，学习效果会很不理想。在不及格的学生中，这类学生占了相当大的比例。

4. 学习习惯和区域的差异。虽然教育改革强调要注重素质教育，但在应试教育的大环境下，各地区培养学生的方式和方法差异很大。有些地区强调引导学生自主学习，培养出的学生注重知识的层次性，能够梳理出课堂的要点。而有些地区依然采用"填鸭式"的教学模式和题海战术，片面强调考试成绩，这类学生在入学初期很难适应大学的学习生活，总是希望教师多布置练习题，课后的习题一道不落地讲解，并且还期望再提供一些习题供训练用。另外，由于学生来自全国各地，成长经历不同，接触的环境、事物也很不同。在授课过程中，有时为了加深理解，需要列举一些实例，此时就需要考虑学生的背景差异了。

5. 领悟能力的差异。大学授课模式与高中完全不同，一节课往往要讲解十几页教材的内容。虽然高中课改强调学生的自主式学习，但各地区的落实情况却有很大差异。本该是学生课后拓展的内容，却被教师拿到课堂上详细讲解，导致部分学生对教师有很强的依赖性，对大学老师的授课方式不适应。这部分学生虽然已经成为大学生，但学习习惯还停留在高中阶段，希望教师能够放慢课程进度。对于培养后备人才的大学来说，不可能继续采用高中的授课模式，因为这样做一方面完不成教学任务，无法实现培养目标，另一方面也不符合大学培养专业后备人才的理念。

6. 竞赛学生的培养。有些高中会针对各类化学竞赛，培养一部分学生专攻化学，甚至将大学化学的四大基础化学都学习一遍，这部分学生在学习基础化学时感到十分轻松，常向我们反映进度太慢、内容已经学过。由于这部分学生对自己的化学功底过于自信，往往不重视课后复习，学习成绩并不理想。如何引导这部分学生，提升他们的化学水平和对知识的深刻理解，也是我们面临的一项挑战。

三、应对：多措并举分层次培养

在全国各地高中都在进行课改的大环境下，每一位授课教师都必须面对上述困惑和挑战。但认真备课、授课，是大学教师的天职。作为任课教师，我们坚持做到课前充分准备，强化课堂教学内容的针对性，在授课形式上注重实效，力争做到语言生动形象，实例通俗易懂；不被书本所束缚，不局限于理论的传授，而是在提炼浓缩基础知识的基础上，灵活运用各种教学手段和方法，尽可能激发学生的学习积极性和主动性。

面对现今高中课改后出现的对大学教师的种种挑战，我们主要采取了如下应对措施。

1. 端正态度，树立信心。基础化学是很多工科专业非常重要的必修课，包含了专业课学习所必备的基础知识。所以，我们在授课时首先会提醒学生一定要端正态度，必须清醒地认识到同样的文凭，就应该达到同样的要求，具备同样的含金量，大学培养人才的标准不应该也不会因为学生的基础不同而有不同要求。不管高中的化学基础如何薄弱，都必须迎难而上。教师要让学生感受到，在学习过程中，教师是他们的坚强后盾，在遇到困难时会尽力帮助他们。我们在教学过程中，通过多种沟通方式，鼓励那些学习化学有困难的学生，树立学好化学的信心。

2. 分步看齐，重点突破。针对基础非常薄弱的学生，引导他们采取分步看齐的学习策略：不要在开学初制定过高的目标，而是先注重基础，培养学习信心，期中阶段达到中等水平后，再制定后半学期的赶超计划。化学基础不好，但已基本掌握高中化学基础知识的学生，只要多加复习，完全能够取得与其他学生相近的成绩。我们建议学生要充分利用课后答疑时间，逐一弥补落下的知识点。大学化学需要以高中知识作为直接铺垫的章节并不多，我们每学期至少有40次的答疑时间，学生只要有一半时间参与，每次解决一个难题，也可以解决20个左右的知识难点，这样就可以大大减少因高中基础差异带来的两极分化问题。另外，对于因区域不同导致的知识面差异问题，我们采用了个别沟通、课后交流的方式来帮助学生缩小差距。

3. 优势引导，以点带面。每个教学班级都有一些品学兼优的学生，教师要充分发挥这部分学生的带头作用。这里所讲的带头作用不仅包括学习成绩方面的影响，也包括积极的学习态度对周围同学潜移默化的熏陶。在一个教学班级中，如果有一部分学生能够经常在课间、课后讨论一些化学问题，介绍自己学习化学的乐趣，必然会影响到其他学生。我会在每章授课结束时请学生做口头总结，并请其他学生做补充，参与讨论，以激发学生的学习兴趣。

4. 特殊问题，特殊解决。有个别学生是高中学习文科的学生，化学基础相对比较薄弱，这部分学生要重点抓基础，待基础知识补上以后再向成绩优秀的学生看齐。在多年的教学生涯中，我曾经碰到过一些情况很特殊的学生，他们对学习化学似乎天生"不入门"，有些教师或许并不认同这种特例，但从教育学和生理学的角度看，确实存在这种情况。对于这种情况，授课教师不应该采取回避的态度，而是应该特别情况特别对待。我们采取的策略是抓住重点，夯实基础，针对关键知识点反复练习，激发学生的学习兴趣，提高他们的理解能力。

另外，针对少数参加过高中化学竞赛学生，只要适当关注，恰当引导，其化学成绩会更加优异。为了鼓励学生学好化学，我所在的学院每年都面向全校举行化学大赛，为学生提供展示化学功底的舞台，深受学生欢迎。

5. 创造条件，分流培养。我国当前高等教育和教学改革，对本科教学提出了新的要求。工科基础化学的基本内容着眼于为学生今后发展奠定基础，强调的是最基本的内容。课堂教学已不是教学的唯一形式，应提倡因材施教，课堂内外相辅相成，适当减少课堂讲授，辅以讨论及讲座等课外活动。针对现行高中教学大纲区域性差异造成的学生化学基础有差异的情况，可以根据学生高中化学的基础情况，进行分流培养。对基础较好的大部分学生，依然采取与以往相同的教学模式；对基础薄弱的学生，则适当调配师资，尝试单独组班，增加课后辅导；而对于基础扎实、成绩突出的学生，可以鼓励他们多参加课外学习活动，如听讲座、参加课外创新实验、参与教师课题组的科学研究等。在执行过程中，我们对化学功底优异的学生进行指导比较容易实行，效果也较好，但为基础薄弱的学生单独组班，由于师资有限，目前执行起来还有一定的难度，需要进一步创造条件。

上述诸多措施并用，基本能够应对高中化学教学改革带来的种种困惑和问题。但是，我们清醒地认识到，大学教学在不断改进提高的同时，高中教学改革也在不断地进行，我们不能被动地以不变应万变，而是要采取积极主动的态度，通过网络调研、与学生交流等多种渠道，及时了解各地学生的知识结构和化学基础情况，将学生可能存在的问题提前分类汇总，进行研究讨论，寻求最佳应对措施。同时，建议高校进一步扩大自主招生的规模，引导学生各学科均衡全面发展；建议有关部门在进行课改的同时，注意人才培养链条中的高中与大学衔接问题，确保不出现知识脱节，推进贯通教育，尽量减少由于高考制度问题给学生大学学习带来的困难，力求从根本上解决问题。我们相信，只要不断探索创新，积累经验，克服高中课改带来的困惑和挑战，就一定能够开设好工科基础化学课。

第三节 创新教学模式

一、本科自催化教学模式

随着高等教育的不断改革和发展，高校的人才培养更加注重学生自主能力的提高和创新意识的养成。对于很多刚刚走进大学校园的低年级学生来说，依然无法摆脱高中阶段依赖老师讲解的学习习惯，遇到学习上的困难，首先想到的是请老师帮忙。这种习惯无疑会阻碍学生创新意识的培养，更不利于提高学生解决实际问题的能力。如果将这种思维方式带到工作中，将是高校人才培养工作的失败。因此，我们在讲授面向大学一年级学生的工科基础化学时，努力探索新的教学方法，希望通过日常教学环节提升学生的学习热情和创新意识，扭转学生对老师、对家长的依赖心理，培养他们自主探索和独立解决问题的能力。

（一）自催化教学模式的提出

高校要将学生培养成为对社会有用的专业人才，需要详细了解学生的学习和生活等情况，发现存在的问题，有的放矢，制定出最佳培养方案并加以实施。

我们在教学实践中发现，针对当今时代的大学生，培养其自主学习、独立解决问题的能力十分必要。我们一直在积极探索，包括如何走进学生的内心世界，切实了解学生的学识基础及背景；如何准确把握各个章节的知识点；如何通过课后引导和课堂场景营造、语言的激情带动激发学生的学习热情；如何寻找学生对课堂内容的兴趣点，引导学生主动学习。如果将学生面临的基础不好、没有学习兴趣等问题归纳为学习的外部不利因素，将学校、家庭、社会所做的各种努力，归纳为外部提供的有利环境，那么，两者的共同特点是：都是学生学习的外因。而教育工作者和心理学家都认为，学生学习的真正动力源于自身，只有愿意学、主动学，才能够取得良好的课堂教学效果。学生经过努力思考形成记忆，才能够有效激发学习动力、增加学习的兴趣。因此，探索一种新的教学方法，让学生在学习过程中感受到学习的快乐，获得自我认可，并在认可中进步，对于提高课堂效果应该是非常有效的。

外因的改变和努力仅能够作为条件或者是催化剂，真正起作用的还是内因。只有从内因着手，寻找学生努力学习的动力源泉，才能够从根本上解决问题。这使我们联想到化学工程中的自催化反应。自催化反应是比较特别的一类反应，在反应开始阶段反应速率很慢，然而反应一旦引发，其产物作为催化剂会大大提高反应速率，并且伴随反应的进行，产物不断增多，即催化剂的量不断加大，反应速率会越来越快。这类反应我们常见的如酸性环境下高锰酸根与草酸根之间的反应

$$5C_2O_4^{2-} + 2MnO_4^- + 16H^+ \longrightarrow 10CO_2\uparrow + 2Mn^{2+} + 8H_2O$$

反应起始阶段反应速率非常慢，但随着Mn^{2+}浓度的增加，其作为催化剂使反应速率大大加快。

我们在授课过程中尝试借鉴这种方式，在讲授某些新的、难度较大且逻辑性较强的知识点时，仅给予关键知识点方面的引导，鼓励学生由知识要点拓展开来，独立探索新知、实现学习目标。学生在完成一个个小环节的同时，获得了自我认同感，增强了自信心，提高了学习兴趣。实践表明，这种教学方法非常有利于学生深刻理解和掌握知识，形成长期的记忆符号，同时有效提高其自主解决问题的能力。

（二）自催化教学模式的实施

从2009年秋季开始，我们在工科基础化学教学实践中进行了自催化教学模式探索。实施该教学模式，首先要将需要讲解的课堂内容进行分类和归纳。我们针对知识点设置了多个环节，每个环节包含的知识点连贯紧凑，学生完成每个步骤都能够获得自我认可，强化学习兴趣。其次，要求教师准确把握能够引领学生走进课堂开始学习的"引发剂"，并适时给予引导。最后，要求教师能够用言简意赅的语言激励学生，让学生时刻充满自信和希望，确保课堂教学顺利进行。

以下是我们的教学实例。我们在讲授现代基础化学第六章的"热力学第一定律和热化学"时，针对标准摩尔反应焓和标准摩尔生成焓之间的关系式推导及应用的知识点，尝试采用了自催化教学模式。具体步骤如下。

1. 准确把握"引发剂"。这里所讲的引发剂，是指学生掌握课堂内容的最为关键的知识点。在讲述"热力学第一定律和热化学"章节时，我们首先让学生准确深刻地理解什么是标准摩尔燃烧焓。即"在标准状态下，1mol某物质在氧气中完全燃烧时的标准摩尔反应焓便称为该物质的标准摩尔燃烧焓。"在此概念中，学生需要准确理解"标准状态""完全燃烧""标准摩尔反应焓"这三个关键词。通过对概念的深究，学生不难发现，标准摩尔燃烧焓就是一类特殊的反应焓。继而，学生对这两个概念的内涵和外延都有了深刻、透彻的理解。这恰恰是教师需要准确把握、并适时提供给学生的"引发剂"。

2. 引发反应。在理解概念的基础上，学生需要立刻进行应用训练。于是，我们给出了"利用附录物质的标准摩尔燃烧焓数据，计算298K时：$C_2H_6(g) \rightarrow C_2H_4(g) + H_2(g)$反应的标准摩尔反应焓"一题。虽然学生初看到题目，感觉解答比较困难，但我们并不给出解题步骤方面的启发，而是反复强调要"理解概念，应用概念"，提醒学生要充满自信，告诉学生做不出题目的症结在于对概念理解得不够透彻。虽然这个环节用了较多的时间，但我们还是坚持让学生自己寻找答案。这如同自催化反应的初始阶段，反应速率很慢，却是反应能够快速进行的必经阶段。在这几年的尝试中，并未发生过学生经过老师引导还没有解出答案的情况，这足以说明学生的学习潜能无限，值得充分挖掘。

3. 加快反应。在解出答案之后，还需要求学生对解题用到的知识进行总结归纳，找出反应物、生成物的标准摩尔燃烧焓与标准摩尔反应焓之间的关系，再推导出通用关系式。该部分内容按照常规的教学方式可能是采用按部就班的讲解或者教师以设问的形式进行，在授课过程中学生只是被动听讲，不需要太多的思考或者思考很少。而在自催化教学模式中，教师的讲解简短精练，授课过程是学生在教师的督导下向目标迈进。在这个环节，教师需要完成的是设置好学习环节，关注学生进展，积极鼓励引导，督促学生脚踏实地，充分利用上一环学到的知识解决下一问题。

4. 快速反应。总结好标准摩尔生成焓和标准摩尔燃烧焓通用关系式后，再要求学生立即对该关系式进行应用。我们选择一至两道习题让学生通过实例验证自己总结的关系式是否正确可行，加深学生对知识的理解和记忆。在这个阶段，因为有了前面的积累，学生解题的速度明显加快，解题过程轻松愉悦。这如同自催化反应中已经有了一段时间的积累，作为催化剂的产物已经很多，化学反应速率便有了质的飞跃。

5. 反应完成。经过上述强化概念、应用探索、知识领悟，再到课程内容的融会贯通，学生对该部分知识已经有了较全面的了解。此时，我们要进一步提高要求，请学生在深刻理解所学内容的基础上，用一到两句话提炼知识点。该环节中，学生如果不用心思考，很难准确提炼出知识点。该环节如同工业自催化反应尽可能要进行彻底，我们要求学生对课堂知识点也必须牢固掌握，形成自己的记忆符号。这完全区别于以往记住教师或者参考书给出的结论，学生经过上述环节锻炼后，对知识点的理解会更加深入全面。

（三）自催化教学模式的效果

由于课堂教学形式的改变，学生的学习兴趣明显提高，对知识有了自己的理解，不再是"记得快，忘得快"，更不是完成任务式的被动学习，而是主动探索。通过与常规教学方式对比，我们发现自催化教学模式可以起到如下几方面作用。

1. 大大提高学生的主体地位。在自催化教学模式下，学生是课堂的主体，只有上一环节完成才能够进行到下一环节，学生完成每个学习环节的快慢直接影响着课堂教学进程，教师的角色更重要的是寻找到"引发剂"。

2. 课堂氛围紧张活跃。学生不再是被动地听讲，而必须是全身心且积极地投入。课堂上每一个教学环节步步紧扣，学生只有积极思考、努力练习，才能够完成学习任务。另外，在完成每一个环节的同时，学生的自信心也在不断增强，学习兴趣越来越浓，完全达到了"寓学于乐"的理想状态。特别值得一提的是，通过这种教学方式，学生的学习兴趣明显提高，高分数段所占比例增加，不及格率大大下降。

3. 由内因引发，记忆深刻。不同于单纯听讲获取信息，每一个知识点、每一句总结都是学生自己领悟、提炼的结果，形成的记忆更加深刻、难忘。从生理学角度分析，记忆分为短期记忆、中期记忆和长期记忆。短期记忆的实质是大脑即时生理生化反应的重复，而中期和长期的记忆则是大脑细胞内发生了结构改变，建立了固定联系。"听说"和"经历"在大脑皮层产生的记忆完全不同，以往的教学模式容易使学生形成短期记忆，而自催化教学模式则更易于学生形成中长期记忆。

4. 有助于学以致用。只有深入理解，才有可能去灵活运用知识。以往有些学生成绩很好，但遇到实际问题时却束手无策，理论与实践严重脱节。特别是对于个别被家庭娇生惯养的当代大学生来说，更需要注重独立意识的培养和自主性格的养成。通过自催化教学模式培养学生，强调的是让学生独立探索，在深刻理解课堂教学内容的基础上掌握知识要点，这将有利于锻炼学生活学活用的本领，提高学生开拓创新的能力。

5. 有助于培养学生独立思考的能力。针对那些难以理解的知识点，自催化教学模式教学效果会更好。虽然这种自催化式的课堂教学模式，对学生来说或许是一个辛苦的过程，但经过"涅槃"的"凤凰"更有灵性，经过深入思考的理解更加具有深度。经过这种课堂训练，无疑有助于学生摆脱依赖性，养成不怕困难、勇于思考的好习惯。

自催化教学模式不同于通常所说的启发诱导式教学模式，前者更加强调学生在课堂中的主体地位，注重"教书"的同时"育人"，即在实现教学目标的同时，塑造学生独立求知、勇于探索的品格。在多年的尝试与探索中，我们针对以往理解比较困难的章节，采用了自催化教学模式，学生对知识点的感悟更为深刻透彻，获得的结论表达方式因个体不同而不同。由于学生对这种授课方式反响非常好，更增强了我们进一步探索该授课方式的信心和动力。

二、产教研一体化教学模式

中共中央国务院在1993年的《中国教育改革和发展纲要》就已提出：高等教育要"加强实践环节的教学和训练，发展同社会实际工作部门的合作培养，促进教学、科研、生产三结合"。2010年国家中长期教育改革和发展规划纲要工作小组办公室发布《国家中长期教育改革和发展规划纲要（2010—2020年）》指出，创立高校与科研院所、行业、企业联合培养人才的新机制。全面实施"高等学校本科教学质量与教学改革工程"。如果我们借鉴产学研思想，将产教研相结合的办学模式引入专业课教学，将有助于提高专业课的教学效果。在化学类专业课教学中，针对应用型的专业课，可以将生产、教学和科研有机地结合在一起，三者之间相互促进。我在教授应用无机化学课程时，尝试结合自己的科研工作，在部分章节引入了生产、教学和科研一体化的教学模式，取得了较好的教学效果。

（一）产教研一体化教学模式的引入

专业课同基础课相比，具有更强的专业针对性，用以区别不同学科的教学内容。对学生来说，专业课学习阶段，是对基础理论知识的系统归纳、应用并产生专业创新思维的跨越阶段，如果能将所学基础知识融会贯通并加以升华，对于创新能力的培养和应用能力的提升具有极为重要的意义。教师若能结合自己的科学研究和生产实践，有效利用各种媒介资源，帮助学生从书本学习中走出来，带着专业热情与好奇心接触学科领域最前沿的研究，并运用专业知识进行思考和探索，必将取得意想不到的教学效果。

我们开设应用无机化学课程的目的是要将无机化学理论在工农业生产中的实际应用展示给学生。从土壤改良、重金属污染治理、农业增产增收，到高效催化剂合成、先进功能材料开发、纳米器件设计组装，再到航天、登月行动等，都要用到无机材料或者无机化学基本理论知识。通过实践发现，如果单纯介绍相关的理论，并不能够激发学生的专业学习热情，教学效果并不好。这就要求我们去探索新的教学方法和手段，引入多种教学媒介，于是，我们探索利用现代化多媒体手段结合实物展示将生产、科研"引入"课堂，比如现场播放录像、观赏真实图片及展示原料和产品等实物，让学生产生身临其境、具体而丰富的感性认识，使课程内容更加具有实用性和现代化特征。

学生是课程教学的认识主体，只有在他们积极主动参与的情况下，教学才能取得良好效果。在产教研一体化的教学模式中，学生在课堂中的角色发生了根本转变，由被动听讲变为主动思考、提问，真正成为课堂的主角。此举极大地调动了学生的学习积极性，不仅增加了学生的专业知识，还锻炼了学生发现问题、解决问题的能力，并且使课堂气氛真正"活"了起来，学生的学习热情前所未有的高涨。

在展示生产工艺的同时，归纳理论知识，能够加深学生对专业知识的理解。比如，我们在讲解第四章"导电粉体生产"的内容时，介绍了燃烧法、固相合成法及水热－溶剂热法。这些方法从理论上可行，但在实际生产中应用时，有的方法会放出大量的污染气体，同时燃烧掉较多的有机物；有的方法则对生产条件要求苛刻，虽具有理论研究价值却不具备工业可行性。而课堂上展示的常规沉淀法制备工艺在生产过程中基本不产生"三废"，属于绿色环保工艺，能够实现工业化生产。实际生产中，看似简单的制备环节会直接影响产品的质量，比如沉淀条件如何、采用何种煅烧方式等，这些细节都需要我们加大力度研究。因此，这些细节问题是需要我们在课堂上利用化学热力学、动力学、结晶学等理论知识进行探讨的问题。

（二）产教研一体化教学模式引入的条件

引入产教研一体化教学模式，需要具备一定的基础条件，未必要求各个章节都采纳这种方式，而是在综合分析课程内容及授课教师科研背景及与企业合作情况的基础上，根据授课教师的专业背景，分步骤、分阶段地施行。

首先根据专业课的教学大纲，将需要讲授的知识点划分为几大板块，再根据各板块的内容特征，判断哪一板块适合引入产教研一体化教学模式。比如，在讲授应用无机化学课程时，对于材料的制备部分最适合与生产实践和科研成果相结合，而材料结构研究方法部分采用该教学模式则相对困难。因此，我们选择第四章"无机光、电、磁材料及其应用"作为突破口（该章内容与我们的科研工作最为相关），同时我们与上海市某环保企业和浙江省某电子企业也有导电材料方面的项目合作。在生产及应用过程中涉及氧化物类、氮化物类导电粉体的粒径大小调控、能源节约、原材料成本等诸多问题，需要借助无机化学理论来进行优化整合，在实践中总结出来的无机导电材料的制备理论又可为其他无机功能材料的制备提供借鉴。由于选择的案例十分典型，学生切实感受到了专业课的实用性。同时，授课教师的最新科研成果丰富和提升了生产案例中涉及的粒径调控、固溶体掺杂等相关理论，再联系课堂教学，实现了理论指导生产、生产促动科研、科研丰富理论的良性循环。

（三）产教研一体化教学模式引入的效果

通过产教研一体化教学，学生能够切实感受到专业知识的魅力，更加热爱自己所学的专业。在应用无机化学课程考核部分，学生对实施产教研一体化教学的第四章记忆最为深刻，课程论文、课堂讨论与该章内容的相关性最大。通过实践对比，我们认为该教学模式的实施起到了如下几个方面的作用。

1. 学生切身感受到专业的魅力

产教研一体化教学模式将学生虚拟地推到生产第一线，接触到当前生产的新动向、新成果，学到书本上没有的知识，有效地拓展了课堂的时间和空间，提升了知识层次，改善了学生的知识结构。通过接触生产与科研，学生了解了社会对人才的专业要求，能够发现自己的不足，由被动接受教育转变为主动学习。通过产教研一体化教学，学生亲眼见到原材料如何变为产品，切身感受到了化学专业的魅力。

2. 大大提升专业课的授课效果

由于引入产教研一体化教学的章节所涉及的内容都是具体的工业生产或者是新项目的可行性研究，并非单纯的理论讲解。教学案例真实具体，学生作为课堂的主体积极参与，学习热情异常高涨，没有一个学生在课堂上开小差，授课效果非常好。

3. 激发学生对专业的热爱

从无机化学新材料的研发试用，到对生产过程中遇到问题加以解决，往往都离不开无机化学经典理论的支持。通过实际案例，学生看到了专业的发展前途和希望。学生只有对专业感兴趣，才有可能树立继续深造、努力成为该领域专业技术人才的奋斗目标。

4. 真正实现学以致用

在应用无机化学专业课教学中，通过引入产教研一体化教学模式，让学生深刻感受到了无机化学知识在实际生产中发挥的作用，真正实现了理论与实践的有机结合，让学生掌握的无机化学理论知识学以致用，有助于学生在遇到实际问题时，利用专业理论寻找解决方案。

5. 培养学生的创新能力

产教研一体化教学模式的引入，充分调动了学生学习的积极性和主动性，增长了专业知识，并使发现问题、思考问题和解决问题的能力得到培养，学生的创新精神获得提升。通过产教研结合，学生会更有信心参加各类专业知识、技能竞赛、科技创新、课题研究等活动。

（四）产教研一体化教学的要点

通过探索发现，在产教研一体化教学模式实施过程中，为了实现三者的融会贯通，相互促进，需要妥善处理如下几个问题。

1. 课堂要真实展现生产场景

虽然我们不能将生产线搬进课堂，但我们可以利用现代化资源，真实展现现实社会的生产场景，尽可能营造现场氛围，给学生身临其境之感。

2. 内容的撷取要有代表性

在进行产教研一体化教学设计时，应特别注重撷取内容的先进性、完整性及代表性，要能够使三者相互促进、融为一体，真正起到提高专业课教学效果的作用。

3. 课堂教学要连贯

生产实践内容与最新科研成果信息，都要通过课堂这一载体传递给学生，因此，要确保承载内容的连贯性，不能够出现大幅度的跳跃，比如上节课介绍导电材料的生产工艺，相关理论分析及最新科研信息尚未补充，而这节课却跳跃性地探讨起生物无机材料的种类，这类情况必须坚决杜绝。

4. 鼓励学生提出科学问题

产教研一体化教学模式的引入，将会有效提高课堂互动频率，使枯燥的讲解变为积极的讨论。教师要鼓励学生大胆提出科学问题，阐述自己的观点和想法，帮助学生理解理论知识，开拓创新思维，真正实现"**非学无以致疑，非问无以广识**"。

5. 加强交流，创造条件

做好专业课教学，培养应用创新型人才，推进产教研一体化教学模式的全面展开，需要授课教师加强和扩大与企事业单位之间的交流合作，把握学科领域生产与科研的最新进展，为产教研一体化教学模式在应用型专业课中的推广应用创造必要的条件。

6. 实事求是，效果第一

专业课的不同板块、不同章节侧重点不同，未必每章都适合引入产教研一体化的教学模式，而是要视实际情况而定，将专业课的教学效果放在第一位，切忌盲目牵强引入。

如何提高专业课教学效果，是非常值得探讨的问题。通过探索发现，产教研一体化教学模式的引入，能够改变专业课内容枯燥乏味、学生学习热情不高的现状，有效提升专业课的授课效果，克服专业理论内容陈旧、脱离生产实际的不足。该教学模式有利于激发学生对专业学习的热爱，鼓励他们在各自的学科领域志存高远、勇攀高峰。

三、"案例贯穿授课过程"教学模式

为了探索全新的教学模式提升应用无机化学课程教学效果，我们还通过网络查询、政策查询、会议研讨、组内讨论和与学生交流等方式进行了系统调研，进一步完善了应用无机化学课程体系，更新了章节内容。同时，紧跟国际形势，追踪了最新的教学方法与手段。我们还密切关注教育改革发展趋势，了解最新的学科发展要求，扩展专业视野，掌握了应用无机化学学科发展的最新动态及社会对专业人才需求的变化。

在沿用"自催化教学""产教研一体化"等教学模式的基础上，我们尝试引入"案例贯穿授课过程"教学模式，简称"CC"教学模式（其中一个C代表"case"，另一个C代表"course"）。我们提出的这种"CC"教学模式，即通过一个案例贯穿一门课程教学过程始终，实现学生对于应用型专业课知识即学即用的全新教学手段。调研发现，目前尚未见有关于该教学方法的研究报道。

该"CC"教学模式与国内外熟知的案例教学法的相同点在于，将我们课堂上所讲述的专业内容与学生自己选定的课题（或者实际应用）相结合，通过完成这个专业案例，一方面可以实现学以致用，另一方面能够激发学生的专业学习兴趣，全面提升应用型专业课教学效果。两者的不同点在于，传统的案例教学法只针对某一个或几个知识点，根据课堂教学需要而设置，每个案例所用的时间都很短；而我们提出的"CC"教学模式，其案例几乎包括课程的所有知识点，在时间上跨越整个学期的教学过程。由于"CC"教学模式涉及的知识点更多，需要的时间更长，因此，不仅对任课教师提出了更高的专业要求，而且也大大增加了教师的工作量。

（一）"CC"教学模式的意义

应用无机化学课程自2007年开设以来，由于课程内容更新和教学方法的不断改进，教学效果逐年提升。但是，该课程同样存在着学生逃课、溜号等不尽人意的地方。为了提升应用无机化学课程的教学效果，我们需要在以下两个方面着力：一是进一步完善已有教学方法和手段，使其更加适用于应用型专业课教学，把学生吸引到课堂中来；二是课程教学内容与时俱进，探索新的教学模式和手段，全方位提升专业课教学效果，以适应国际化、现代化、信息化的需求，培养优秀的专业人才。

"CC"教学模式的提出，就是要通过该教学手段，提高应用无机化学课程的授课效果，缓解学生疏远课堂、对专业课不能够学以致用的矛盾。学生完成案例的形式可以多样化，既可以是开发一个化学产品或设计和实施一个实验方案，也可以是撰写某一类产品的调研报告。学生在课程开始阶段就选定感兴趣的课题，撰写的研究报告将作为课程的考查论文。由于案例完成过程贯穿整个课程教学的始终，能够引导学生在参与课程学习的过程中寻找并利用自己需要的知识，改传统课堂的"知识灌输"为"知识索取"，学习效果必然大大提升。

（二）"CC"教学模式的实施

"CC"教学模式的实施需要具备两个条件：一是准确把握课程的知识脉络，引导学生恰当地选择专业案例，充分利用课程知识；二是要有充足的时间给学生必要的指导，包括提供实验条件或参观场地。对于前者，我们授课团队在承担教学任务的同时也从事科学研究工作，已发表SCI论文100多篇，申请国家发明专利40余项，有良好的无机化学学科应用研究基础，完全能够满足学生的需要。同时，授课团队成员都非常热爱教学工作，致力于将该课程建设成为一门有特色、重效果的应用型专业课，愿意在其中投入大量的时间和精力，这为"CC"教学模式的顺利实施奠定了坚实的基础。

为确保"CC"教学模式的实施效果，充分的课前准备、及时的总结和学术讨论都是必不可少的。

1. 课前准备。充分调研，将课程内容进一步分类汇总，理清知识脉络，结合课堂需要讲授的内容，引导学生选择自己感兴趣的课程案例。在课程伊始，正确引导学生选择自己感兴趣且与课程密切相关的专业案例，要求学生完成该专业案例时能够利用课上所学的内容，使知识能够连贯系统。

2. 定期总结。总结包括两个方面：一方面是与学生交流、沟通，结合学生课堂问答及专业素质表现，掌握"CC"教学手段的实施效果；另一方面是与其他专业课授课教师和专家讨论，听取大家的宝贵意见。

3. 学术讨论。主要包括三个方面：一是组内讨论，与教研组的其他教师进行交流，听取其他教师的意见，并进行教学效果的横向对比；二是同行讨论，听取教学名师和专家的意见，获得他们的支持和帮助，对课程采取的教学手段进行全方位的批评指正，以期全面提升教学理论水平，使该课程采用的教学方法具有借鉴价值；三是会议交流，参加各高校举行的教学研讨会，通过与专家和学者进行交流讨论，汲取前辈精华，使"CC"教学模式得到深化和发展。

以下以2014年度重点指导的课题"Ag包覆Fe^{3+}掺杂氧化锌的制备及光催化性能研究"课题为例，详细阐述"CC"教学模式的实施流程。①接触课程。在专业课授课初期，通过绪论课，让学生了解课程内容的梗概，并对课程内容产生兴趣。②选题。在教学大纲范围内，引导学生在学期初即选择一个自己感兴趣的调查研究课题。"Ag包覆Fe^{3+}掺杂氧化锌的制备及光催化性能研究"课题，其研究对象、制备实验、数据分析、材料性质等内容，几乎涵盖了应用无机化学课程的所有内容，是一个非常好的课程案例。③课题开展。我们为学生提供了实验场地、药品和测试条件，学生利用周末的时间完成了实验和数据分析等工作，并将实验结果撰写形成科技论文。其他课题的开展，同样是与课程教学同步进行。学生围绕自己的课题，进行较为系统深入的调研，并将课堂内容及时与案例对应，定期向教师汇报课题进展。对于优秀的课题，我们提供了实验操作条件或去工厂实地考察的机会。④授业解惑。对于学生平时遇到的各种问题，我们确保及时予以解答。学生遇到的问题主要集中在实验设计、数据的深度分析、化学反应机理剖析及科技论文的撰写上。在2014年重点指导的这个课题中，几位学生都得到了系统的科学研究训练，其论文反复修改了十几次，大大提升了专业能力。⑤结题。学生一个学期完成的课题报告，将作为成绩评定的重要依据，优秀成果还可制作成PPT在课堂上进行交流、讨论。由于"Ag包覆Fe^{3+}掺杂氧化锌的制备及光催化性能研究"课题经历了选题、实验、论文撰写等环节，完成出色，自然获得了非常好的课程成绩。目前，该课题成果已经被化工类三大权威期刊之一的Industrial & Engineering Chemistry Research接收发表。

需要强调的是，在上述5个步骤中，如何选题最为重要。总结几年的教学经验，我们可以根据课程自身的特点及课程知识体系来指导学生选题，也可以与大学生创新实践项目等活动相结合，达到课程教学与创新能力培养同步实现的效果。2012～2014年各年度具有代表性的课题分别是："硫化银纳米链的制备、表征及杀菌性能""导电ZAO纳米粉体的制备及性能研究"和"Ag包覆Fe^{3+}掺杂氧化锌的制备及光催化性能研究"，其内容与我们课程的各个章节知识点密切对应。（详见表4-1）

表4-1　案例内容与章节知识点对应关系

2012 年案例	2013 年案例	2014 年案例	对应章节知识点
	导电 ZAO 纳米粉体用于制备防腐涂料	Ag 包覆 Fe^{3+} 掺杂氧化锌可以作为紫外线吸收剂	无机化学在精细化工领域中的应用
硫化银纳米链的制备及表征	导电 ZAO 纳米粉体的制备及表征	Ag 包覆 Fe^{3+} 掺杂氧化锌纳米**介晶**材料的制备及表征	无机纳米材料及其在高科技领域中的应用
硫化银纳米链用于杀灭细菌	导电 ZAO 纳米粉体用于降解有机染料	Ag 包覆 Fe^{3+} 掺杂氧化锌纳米**介晶材料**作为可见光催化剂，降解有机染料	无机化学在资源环境领域中的应用
硫化银纳米链具有紫外光吸收性能	导电 ZAO 纳米粉体具有优异的光电性能	Ag 包覆 Fe^{3+} 掺杂氧化锌纳米介晶材料能够吸收紫外光，并能够发射出荧光	无机光、电、磁材料及其应用
对硫化银纳米链的生物杀菌机理的讨论	导电 ZAO 纳米粉体具有较好的杀菌性能		无机化学在生物医药领域中的应用

（三）"CC"教学模式的效果

通过"CC"教学模式，从开学初的课题相关文献的系统调研、整理，到样品的制备、材料的表征、性能测试及应用效果研究，再到后面的数据分析整理和科技论文的撰写，几乎涵盖了应用无机化学课程的所有内容。通过课题的开展，学生不仅实现了专业知识的随学即用，而且通过调研实践，能够让学生及时发现在知识理解方面存在的问题和偏差，真正实现专业知识的牢固和灵活掌握。通过该教学模式，不仅提高了专业课授课效果，而且表现优秀的成功案例还会以科研论文的形式发表。近年来重点指导的案例中，以学生为第一作者在国外期刊已发表了4篇SCI论文。

"CC"教学模式的实施，不仅有利于吸引学生回归课堂，强化教师与学生的交流和沟通，而且还可以让那些仅仅是为了授课才来另外一个校区的老师有效利用授课节余的零散时间。在该教学模式实施的同时，我们也获得了一些有价值的教学经验和理论。比如，丰富了认知理论，能够从人类认知学和心理学的角度，及时掌握学生对专业课学习的态度，了解20岁左右人群易于接受的思维习惯及交流方式，获得有助于"CC"等教学模式实施的相关信息。总结几年来探索"CC"教学模式的经验及效果，对于其他化学类应用型专业课的开设同样具有参考价值。

现阶段，很多教师反映专业课上学生的课堂状态堪忧，要靠点名来确保出勤率，这对于如何提高专业课的授课效果提出了迫切要求。我从事专业课教学多年，也在努力探索全新的教学模式，"CC"教学模式就是我们历经多年探索总结出的教学方法。虽然这种方法大大加重了任课教师的工作量，但这终究是一种新的提高教学效果的思路，能够显著提高学生对专业课知识的应用能力，提升专业课教学效果。如果我们按照每个专业开设15门应用型专业课，有20%的课程引入该教学方法，那么，每个学生将有机会获得3个专业课程案例的全程训练，累计的专业综合能力的提升效果可想而知。这种"CC"教学模式经过我们几年的实践，证实是行之有效的。

四、基于 ISO 9001 质量标准的教学模式

近年来，高等教育日益重视实践教学，强化应用型人才培养，并通过教育教学改革探索，不断强化实践教育。应用型专业课教学在高校课程设置中占有重要地位，其教学过程是培养学生实践与创新能力的重要环节，侧重于学生实际应用能力的培养，拓展学生的创新思维，提升学生分析解决实际专业问题的能力，也是提高学生职业素养和就业竞争力的重要途径。

社会发展需要基础扎实、实践能力强、综合素质高且具有创新精神的专业人才，而专业课教学旨在传授学生专业知识和技能，锻炼学生的综合素质。随着全球一体化步伐的加快，社会对专业科技人才的需求数量逐渐增加，对专业水平要求更高，对高校专业课教学提出了更高的要求。目前，国内大多数高校都在一定程度上加大了对专业课教学的投入和课程建设的力度，但由于诸多条件的限制，普遍出现以下问题：①授课场地单一；②科技进步带来的专业内容不断增加与课时不足之间的矛盾冲突；③对教学内容和专业实践需要国际化思维应对；④个别学生厌学。因此，我们必须改变传统的教学理念，探索新的教学模式以改变上述问题。

面向质量世纪，基于质量管理学理论与方法，我们将**ISO 9001质量管理标准**应用于高等学校应用型专业课教学模式的探索中，对开设多年的专业课——应用无机化学课程进行完善，拓展了应用型专业课授课的时间和空间。我们的应用无机化学课程面向化学类专业高年级学生开设，主要探讨无机化学在精细化工、工农业生产、航空航天、医疗保健

等多个领域的实际应用。作为一门应用型专业课，一直以来，授课团队以极高的热情进行教学实践改革与创新，探索新的教学模式，以期提升教学效果。

（一）ISO 9001质量标准相关理论

国际标准化组织（ISO）于2000年12月15日颁布实施的2000版ISO 9000族标准，标志着21世纪已经进入质量世纪。而ISO于2008年正式发布的ISO 9001：2008标准是迄今为止正式发布的最新标准，在其0.2过程方法中，明确以过程为基础的质量管理体系模式（如图4-1所示）。该模式从顾客（和其他相关方）需求出发，经其他3个过程（管理职责，资源管理，测量、分析和改进）协调，通过产品实现过程，最终输出产品，以致顾客（和其他相关方）满意。其中的核心思想体现了质量管理学中八项管理原则的首要原则：以顾客为关注的焦点。而核心过程正是产品的实现过程。

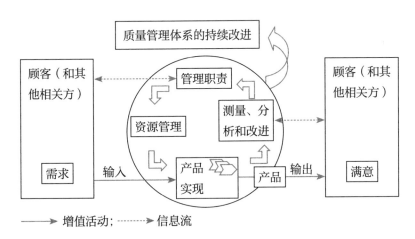

图4-1 以过程为基础的质量管理体系模式

高等学校的广义顾客是家长、用人单位、社会、合作办学者，其产品就是完成学习阶段后的学生，产品实现过程中高等学校的教学、行政和后勤部门为学生提供教学、管理和保障服务。高等学校的狭义顾客是学生，学生在校期间，上述各部门对学生提供持续服务。由此可见，产品实现过程与服务提供常常是不可分割的。因此，我们论述的产品实现过程同时也包括服务提供。按照ISO 9001：2008标准要求，我们寻找解决问题的门径应立足于以顾客满意为原则，重点基于产品的实现过程。

（二）基于ISO 9001质量标准的教学方案

1.课程内容开放化

产品实现过程中，"产品实现的策划"首当其冲。在ISO 9001：2008标准7.1中明确指出：组织应策划和开发产品实现所需的过程。在7.1 b）中进一步提出：针对产品实现策划时，组织应针对产品确定过程、文件和资源的需求。若将其应用于高等教育，就是说学校应策划和开发培养合格大学生所需的过程，这些过程无一例外地包含着教学过程，而对于教学过程中的文件与资源需求，不同高校则各不相同，就连不可或缺的教材也大相径庭。基于这一标准要求，我们首先对课堂内容进行了探索。

应用型专业课要紧跟时代步伐，关注社会发展，了解行业最新动态，紧跟国际学科前沿进展。"课堂内容开放化"是在围绕教学大纲的基础上，课堂视野要尽可能地宽广，让学生感受课程内容的博大。短短90min讲解的内容仅是抛砖引玉，重点是要引导学生通过更多渠道学习专业课程，使教学内容向全社会注目，向全国际延伸，向全网络拓展。

为了让学生更好地学习应用无机化学课程，除常规内容安排外，我们着力从以下角度引导学生：①引入学术研究成果。将学科领域最新发表的学术论文、论著及专利等介绍给学生，让学生感受科技进步带来的专业魅力。但由于课时的局限，我们只将部分内容做讲解，其他内容引导学生课后查阅文献，自主学习。②引入国内和国外大学相近课程。我们对自己开设的课程讲授内容非常熟悉，而国内其他院校又是如何开设的呢？课程主讲内容有哪些？授课主要采用什么形式？随着国内外高校公开课程的不断增加，很容易找到相近的课程，可以引导学生去感受其他高校的相近课程，拓宽学生的思维和视野。③借鉴企业在线培训课程。高校里一般会非常重视兄弟院校的课程，往往不会关注企业的培训课程。事实上，企业培训课程往往针对某一项实用技术讲解得非常深入、实用，很值得学习。④借鉴专业技术协会网站。针对某一领域的专项技术，会有非常专业的学术组织，其网站会公布最新的进展、检测技术制定标准等，对于专业课教学内容，是非常有益的补充。

2. 授课形式多样化

产品实现过程中，"产品实现的策划"其后紧接着的就是"与顾客有关的过程"，在ISO 9001：2008标准7.2.1 b）中指出：组织应确定顾客虽然没有明示，但规定的用途或已知的预期用途所必需的要求。确定7.2.1 b）条款内涵均比确定其他平行的三个条款7.2.1 a）、7.2.1 c）、7.2.1 d）要复杂得多。比如对7.2.1 a）顾客规定的要求，包括对交付及交付后的活动要求要易于识别；对7.2.1 c）中产品适用的法律法规要求易于理解。基于这一标准，在挖掘顾客隐含期望的过程中，我们推出了授课形式多样化的模式。

高校学生所处的年龄段，使得他们拥有强烈的好奇心，也充满了丰富的想象力。为适应时代发展和社会需求，他们的求知欲和表现欲也在逐渐加强。因此，要求专业课教学不仅局限于教师讲解，还要结合其他授课形式，使课堂内容更加丰富和多元化。通过不同的授课方式，激发兴趣，引导学生课后自主学习，从而进一步拓宽授课的时间和空间。我们在采用常规的授课方式外，还采用了如下方式：①专家讲解专题。针对课程的一些特定章节，我们在条件允许的情况下，邀请专家走进课堂，比如量子点的合成、透射电子显微镜的原理及应用等部分内容。请来的专家对这些内容的领悟比我们深刻，听课学生的反响很好。②播放生产实践视频。应用型专业课实践性强，抽象概念多，设备及工艺过程等复杂多样。这些内容在课堂上难以言表，极易陷入"见物不见人"的境况，影响教学效果。而专业课堂不可能设在生产现场，也不可能通过专业实验来完成。鉴于此，我们可以利用多媒体技术与现场纪录片和实验演示录像等相结合的方式，充分发挥专业课内容"实用性"和"实践性"的特点，引导学生的专业理论学习，使抽象的原理直观化，让学生从现象中体会，在真实场景中理解，努力营造一种身临其境的学习氛围。③学生自选内容讲解。学生在应用无机化学课程范围内，结合平时参与的科学研究或者专业实验，选择自己喜欢的专题进行讲解。该考核方式能够培养学生自主选题的能力，锻炼学生文献调研、资料总结、PPT制作及语言表达等能力。④充分利用网络。专业课教学需要充分利用网络，通过专业课程网站建设，弥补课时不足带来的局限。将课堂上因课时限制无法讲解的知识内容放在网站上，供学生自学时参考。我们在授课时也会提供一些专业的资源网站链接，为学生寻找资料提供便利。⑤转换教学理念。课堂上，我们强调学生的主体地位，让学生积极参与教学，改变单纯的"我讲你听"模式，让学生充分发表自己的见解。此外，我们在教学实践中还发现，专业课教学不能仅局限在国内兄弟院校之间的横向参考对比，还应探索与国外知名院校之间的交流与合作，向国外学习先进的教学理念。我们可以通过网络调研、交流互访等方式，了解国外同类课程开设的形式、内容及教学效果，汲取国外的先进经验，在努力实现教育国际化的同时，缓解专业课内容增加与课时不足之间的矛盾，拓展授课空间。

3. 拓宽沟通途径

"顾客沟通"是"产品实现过程"中的又一重要过程。它是ISO 9001质量管理体系基于八项质量管理原则的又一具体体现。7.2.3 c）中要求：

组织应对顾客反馈，包括顾客抱怨，确定并实施与顾客沟通的有效安排。

由于高等学校的顾客有广义和狭义之分，因此，我们分别面向学生和社会（含家长、用人单位、合作办学者）拓宽沟通渠道、重视沟通信息并为教学服务。传统的学习沟通渠道单一，如教务处网站的学生评价系统，基本上在课程即将结束时，由学生对课程教学进行评价，其评价指标基于同一模式，虽说有学生留言一栏，但因种种原因，能留言的学生非常少。质量管理学对产品实现的控制分事前控制、事中控制和事后控制三个阶段，而其中的事后控制阶段是最后一个阶段，是不得已而为之的阶段，显然这种传统的评价系统是典型的为事后控制服务的。为加强全程控制，我们还尝试在开课前期，向即将学习应用无机化学课程的学生介绍课程特点、课程重点及难点、课程教学策略及课程学习方法。在教学过程中，我们一方面鼓励学生与教师通过邮件方式进行互动交流，另一方面，每隔一定的时间，我们会随机抽取参加学习课程的学生进行座谈，动态获取教学过程中学生的反馈信息，包括学生的不满。对这些信息加工分析后，制定相应的措施并用于随后的教学过程，提高学生课程学习的满意度。在面向社会沟通方面，我们也作了积极的探索和尝试。我们不定期地通过问卷调查及访谈（对本市相关单位）等方式，与用人单位及学生深造的科研院所、高等院校相关部门等进行沟通，获取他们的反馈信息，提高他们的满意度。

4. 考核方式灵活化

"测量分析改进过程"是ISO 9001倡导的过程方法中的一个必然阶段，也是其建议PDCA（即Plan，Do，Check，Act）循环模式中的重要环节。其中的测量过程也是分析改进过程的基础。在8.2.4产品的监视和测量中，明确"组织应对产品的特性进行监视和测量，以验证产品要求已得到满足。这种监视和测量应依据所策划的安排，在产品实现过程的适当阶段进行"。这一条款客观上要求在产品实现过程中，对产品特性监视测量应具有阶段性和全面性的特征。

事实上，应用型专业课程大多将单一的考试作为成绩评定的依据，而忽略了采用灵活的、全方位的考核环节，忽略了产品实现过程中的考核。因此，在遵循产品特性监视和测量这两大特征的前提下，应兼顾公平和公正。我们对考核方式作了如下探索：①专题讲解表现。学生参加专题讲解，可以将论文质量结合课堂讲解表现作为成绩评定的依据。②案例报告。应用无机化学课程教学时，我们在部分学生中探索实施了案例教学贯穿课程教学始终的教学模式。对于参与完成案例的学生，可以将案例报告作为成绩考核的依据，这有助于学生有更加充足的时间整理自己的科研成果，利用应用无机化学专业知识对问题进行更加深入的剖析。③方案（产品）设计方案。应用无机化学课程内容广泛，在生产生活中的诸多方面均有涉及。比如，某学生采用纳米二氧化钛作为主要材料设计自清洁型外墙涂料，其原理涉及二氧化钛的粒径大小、晶型、比表面积等对自清洁效果的影响及光催化机理等课程的相关知识。④"化学改变生活"创新实践活动成果。"化学改变生活"创新实践活动是华东理工大学面向本科低年级学生开展的科研启蒙训练活动，从选题、文献查阅、论文撰写、海报和PPT制作、答辩等多个环节提升学生的科研素养。学生的成果如果与应用无机化学课程内容相符，也可作为该课程成绩评定的依据（这类学生很少）。⑤课程论文。学生在没有选择其他考核方式的情况下，可以根据自己通过文献调研、网络学习、课堂听课等途径，确定自己感兴趣的课题，撰写一篇课程论文作为成绩考核的依据。上述诸多考核方式并用，旨在发挥教学的最后一个环节——考核环节的教学效果。

（三）基于ISO 9001质量标准的教学效果

ISO 9001质量管理体系模式运行的最终目标是：使自己的组织所提供

的产品或服务，在标准要求的规范和有序管理下，能够持续稳定地满足顾客并适用法律、法规的要求，从而提升组织竞争力。为此，强调实施标准的符合性尤为重要。要达到这种符合性，必须理解标准要求的内容，形成文件，并按文件落实到位。我们从产品实现过程及测量分析改进过程入手，在对应用型专业教学模式改革进行探索的过程中，以条款的要求内涵为起点，认真研读，力求深刻理解标准要求的内容，形成与教学过程相关的文件，以达成符合性为目标展开工作，从而保证了改革措施的有效性。

具体而言，我们通过不断拓展授课内容，探索多种教学方式并用，并在考核方式上着力，使得教学效果已经有了明显提高，主要体现在以下几个方面：①延伸授课时间。专业课课时数在不断缩减，而专业课程的授课内容在不断增加和更新。将上述几种灵活的考核方式并用，有效达到了拓展应用型专业课课时的效果，增加了学生专业课自主学习的时间。②拓展授课场地。传统的专业课授课主要集中在教室内，通过改变教学内容、授课形式及考核方式，我们将学习专业课的场地，拓展到了课题组、实验室和工厂等处。③提高学习兴趣。通过延伸授课内容，改变授课方式，采用多种考核形式，扭转了学生对专业课学习的惯用思维，多渠道加深了对专业课内容的理解，使专业知识的实际应用与理论学习相互促进，有效提高了对专业学习的兴趣。④培养创新思维。从授课到考核，在各个环节给予学生充分的灵活度，这种开放式的教学模式，需要学生主动学习，不断创新，敢于探索，形成主动学习的习惯。倡导开放的思维模式，有助于学生形成良好的思维习惯，开发创新潜质。⑤实现学以致用。我们的授课过程与实际应用密切相关，学生能够切身感受到各章节内容在生产实践中的应用，这有助于学生对专业内容的理解，并实现专业知识的学以致用。⑥吸引学生回归课堂。我们在讲授应用无机化学课程时，努力做到课堂内容丰富多彩，且实用性强；授课方式多样，引人入胜；考核方式灵活且有自主选择余地，减小压力。这些举措有利于吸引学生回归课堂。另外，我们充分发挥应用型专业课实用性强的优势，为参与创新实践活动的学生提供理论支持和实践指导，学生遇到的很多问题都能够在课程中找到答案，使更多学生带着解决问题的目的走进课堂，汲取自己所需的专业知识，积极主动地与教师交流讨论。

应用型专业课侧重于对学生的专业技能及创新潜质的挖掘和培养，可以不拘泥于传统的教学方式，让学生拥有宽广的视野，掌握专业学习的途径，形成国际化的专业思维模式，并用更多的时间和精力将专业知识加以实际应用。应用无机化学课程开设至今，积极开展教学方法的改革，树立现代教学理念。历经10余年的建设与传承，课程框架遵循特色鲜明、注重实践、整体优化的基本原则，将教学研究与实践有机地结合起来，使教学效果逐年提高，得到学生及专家的充分认可。

五、本科综合实验"双线"教学模式

在探索化学类应用型专业课"案例贯穿授课过程"教学模式、基于ISO9001质量标准的应用型专业课教学模式探索等教学方法手段的基础上，我们还尝试引入了"双线"教学模式。通过探索"线上"理论讲解、模拟仿真实验操作、提醒学生实验注意事项、激发学习兴趣、检验学习效果等，与"线下"进行详细指导与实验操作相结合的方式，以期这一全新的教学模式能够更好地实现学生对于应用型专业综合实验知识即学即用、安全有效掌握的教学目标。

（一）"双线"教学模式是大势所趋

专业综合实验教学是向学生传授专业知识和技能、培养其创新能力的重要途径之一。提升学生的综合素质，增强他们解决实际问题的能力，是课程教学的核心目标。良好的专业综合实验教学有助于全面提升学生的专业知识应用能力，对于学生今后在专业领域的发展具有积极作用。随着全球科技的快速发展，社会对专业科技人才的需求也日益增加，国家对高校专业综合实验教学的培养目标也提出了更高要求。

科学实验不应局限于专业知识的传授，更要重视用新的教学方法和理念指导并培养学生的科学创新意识和能力。但是，目前多数高校的本科综合实验教学方法还停留在传统的灌输式教学模式，这非常不利于学生发散性思维的培养。近年来，迅速发展的虚拟仿真（VR）和人工智能（AR）等技术给人类生活带来了新的体验与便利。我们主张将这些先进技术引入实验教学，构建"线上"教学模式，引导学生以新的方式进行课前预习与课后复习，培养学生在教学过程中积极发挥主观能动性。同时，保留传统的"线下"演练教学与理论强化指导，使学生将"线上"获得的知识与"线下"实际操作相结合，以培养学生应用理论知识解决实际问题的能力，同时提升学生的创新思维能力。

此外，安全性是实验教学的关键所在，学生在掌握专业知识和技能的过程中，始终要将安全放在第一位。在传统的教学模式下，即使教师传授了规范的实验操作方法，强调了实验中的注意事项，但每年仍能发生不少由实验引起的安全事故。由于学生在实验操作前难以预测或未曾重视实验中可能遇到的问题，因而在实际操作过程中无法灵活应对突发情况，这极易导致安全事故的发生。若将VR和AR等技术结合起来应用于科学实验教学，学生便可以通过虚拟现实事先在网络上模拟实验操作，实验过程中可能遇到的问题也能通过智能化扫描得到展现。在这种情况下，不仅能够有效节约药品与仪器维护，实验过程中的安全隐患也将大大降低。

如今，各高校都非常重视对学生实验实践能力的培养，不断探索新型教学模式，更新教学内容，以期教学效果逐年提升。为了提升高年级本科生综合实验教学效果，我们主要在以下三个方面着力：一是与时俱进更新综合实验教学内容，使其更加适用于新时期对新工科人才培养的需要，实现既定的培养目标；二是教学手段与时俱进，探索全新的教学模式，全方位提升专业综合实验教学效果，以适应国际化、现代化、信息化的需求，培养优秀的专业人才；三是引入"双线"教学模式，帮助学生把握实验的关键点，理解专业知识。"双线"教学模式的提出旨在通过该教学手段，提升高年级本科生综合实验教学效果，强化学生的实践能力，缓解学生疏远课堂、在实际应用时不能够将专业知识学以致用的问题。

（二）"双线"教学模式的具体实施

"双线"教学模式的实施需要具备两个条件：一是准确把握实验课程的知识脉络，恰当地选择知识点和关键操作步骤制作成视频，并将可能产生的危害利用虚拟仿真的方式展示给学生，供学生课前"线上"预习使用；二是对学生的学习态度进行督促，对学习效果进行检验，即可以规定学生在完成实验操作后，继续通过"线上"操作完成教学内容，包括实验数据分析、理论知识检验等，起到温故而知新的作用。

"双线"教学模式的实施具体包括以下环节。

1. 课前"线上"预习

教师制作视频片段、学生观看视频，是双线教学的第一阶段。授课教师要在课前分析知识要点和细化教学目标的基础上，制作视频片段。学生观看视频片段后或接收家庭作业后在线提出问题。课前教师在线收集问题和学生为课堂上互动收集问题的过程，也分别是教师知识内化和学生知识内化的过程。

"双线"教学实施前期准备的重要环节是制作教学视频，因为教学视频制作水平的高低，很大程度上会影响教学质量，这就对教师的信息技术能力有了较高要求。教学视频的教学内容要做到浅显易懂，高度概括，在有限时间内建立清晰的知识框架，便于记忆；教学视频的表现形式要做到丰富多样，善于利用各种软件制作出新颖并且主题突出的画面，甚至可以加入流行语言或表达方式，使学生在轻松、熟悉的语言环境下牢记知识点；教学视频一般要短小精炼，以学生能高度集中注意力的时长为宜。

鉴于教师自身的专业限制，教学视频制作一直是"双线"教学的难点。对于计算机、信息工程等理工类专业的教师来说，能灵活使用计算机等工具，制作教学视频相对容易，但对于文科类专业的教师，很多人疏于使用计算机等工具，在制作教学视频时就显得力不从心。其实，不管是否能够熟练使用计算机等工具，单靠教师本身还是很难制作出好的教学视频的。但在VR和AR技术时代，教师完全可以通过网络找到相关教学资源，然后根据自身课程内容将其整合成自己所需要的教学视频。

以丰富教学形式和内容。VR和AR技术给采用"双线"教学模式教师的知识扩充和教学视频制作提供了有力帮助，在互联网环境下实现了教学互长。

2. "线下"实验操作

通过虚拟仿真进行课前预习后，学生已经熟悉了实验步骤，在"线下"进行实际操作时会更加得心应手。这将有助于学生发散性思维的培养，促进学生活学活用，有效提高课堂教学质量。通过虚拟仿真环节的专业知识讲解、关键操作示范以及危险操作示警等之后，学生进行具体实验操作的速度以及动作规范程度都远远好于传统教学方法。特别是在容易发生意外事故的环节中，学生会比在传统教学模式下更为重视。以往，任课老师只能够口头上强调，现在通过"线上"VR和AR技术，学生直观感受到了意外事故可能带来的伤害，在具体操作中便会不自觉地提高警惕。

3. "线上"回顾总结

实验结束后，学生通过"线上"操作完成实验报告、提交实验数据、回答实验问题、总结实验体会。同时，学生同样可以通过"线上"操作，对所学课程进行提问与评价，教师积极回答学生的问题，择优采纳学生的意见，这样便有益于真正实现以学生为主体的教学理念。这种课后"线上"活动不仅是对学生的实验基础知识和技能的巩固与强化，也有利于培养学生的自主性。因此，在"双线"教学模式下，学生的理论学习和实验操作将很好地结合，有助于提高学生的综合素养，促进学生全面发展。

4. 优化考核环节

传统的授课模式下，教师大多依据学生的实验报告，在学生的成绩中加上实验操作规范程度评分。引入"双线"教学模式后，成绩评定的依据可以多元化，包括课前观看预习视频、安全知识及专业知识问答、课后的线上回答问题、数据处理以及存在的问题分析等。恰当地安排各部分的分值比例，可以减少人为因素所带来的成绩评定的主观化和不公正。

（三）"双线"教学模式的效果分析

通过"双线"教学模式，应用虚拟仿真和人工智能高科技辅助教学，能够促使学生及时发现在知识理解方面存在的问题和偏差，真正实现专业知识的牢固且灵活掌握。"双线"教学模式的实施效果主要包括以下几个方面。

1. 提升学习兴趣

该教学模式有助于吸引学生回归课堂，让学生更加热爱自己的专业，认真学习实践技能。

2. 降低实验危险

通过虚拟仿真技术，将可能发生的实验事故以触目惊心的形式展示出来，可以提醒学生哪些步骤必须高度注意。

3. 提高学习效率

"双线"教学的第三个关键问题就是教学反馈。教学效果好不好，教学视频制作是否合理，学生是否掌握应学知识，在"双线"教学模式中不再像传统教学模式那样单纯依赖期末考试成绩来衡量了，而是在整个教学过程中通过教学反馈不断地发现问题、解决问题、调整教学方式，达到更好的教学效果。

4. 强化专业素养

在"线上"视频中可以通过渗透专业情感、专业素养等载体内容，让学生在学习专业知识的同时，强化专业素养。

5. 实现教学相长

在虚拟仿真和人工智能技术背景下，教师和学生通过网络可随时对教学进行评价及反馈，评价内容包括教学视频好坏、课堂学习中小组讨论成果多少、学生掌握的知识程度等。同时，通过对课堂学习情况的反馈，学生能够更加了解其在课程中存在的问题，以便进行针对性的补充学习；此外，通过学生反馈及成绩分析，教师可以再次对教学设计环节进行优化，达到师生共同进步的效果。

"双线"教学模式是现代化教学手段的大势所趋，理论课的翻转课堂教学模式已经在大面积推广，实验教学的这种"双线"教学模式也在陆续铺开。这种模式虽然加重了任课教师在教学前期的工作量，但这终究是一种新的提高教学效果的思路，能够显著提高学生对专业综合实验知识的应用能力，提升专业综合实验教学效果。我们的每一门专业综合实验课程中，均已有30%的课程内容引入了该教学方法，学生专业综合能力的提升效果可想而知。这种"双线"教学模式已经历过几年的实践，被证实是行之有效的。如何更好地推广该教学方法，获得更好的教学效果，需要专家和同行们共同探讨。

✿ 改写"不入门"为"入门"

"没有教不会的学生,只有教不好的老师",这句话有很多种理解方式,众人对其褒贬不一。现实工作中,我也曾遇见过某位学生对化学课程天生"不入门"。我采取的方法是:首先从心理上让学生建立自信,从基础抓起,制定一个个小目标,消灭一个个知识点,强化该学生的自信心;其次,降低要求,以达到考核标准为奋斗目标,不求精通,只求掌握。最终,教与学的目标圆满达成,学生顺利通过了课程考核。

✿ 双管道磨炼优等生

高中参加过化学竞赛的学生进入大学后,一般有两种情况发生,一种是学生认为自己已经学习过这些课程,自己已经掌握了,上课不需要认真听讲。这类学生的学习态度比较浮躁,我会采取"压制"的方式,让这些学生以测试满分为目标,展示一下自己的水平。期中考试过后,这类学生通常不再浮躁,因为分数很不突出。另外一种学生是高度热爱化学学科,上课非常认真,下课仍痴迷于此。对于这类学生,我采取的方式是赞扬和鼓励,并创造机会把这类学生推荐到高水平课题组,创造机会让他们参加科学研究。

经过这种学习后,我的学生全部拿到学位,全部高质量就业或继续深造(图4-2)。

图4-2　学生毕业照片

善待周围的人，珍惜每一份感情，牢记自己的责任，满怀感恩，永不抱怨，谱写无悔的青春！

——刘金库

学生感言

2007级应用化学专业学生：刘畅

非常庆幸能够在大学时期这个充满变数的人生阶段拥有刘金库老师这么一位优秀的班导师，他用他的真诚挽救了我的学业生涯，他"遵纪，守法，走正道"的人生准则将陪伴我一生！

2007级应用化学专业学生：李达

我的班导师刘金库是大学乃至整个人生中给我带来最重要影响的一位良师。大学四年里，我在刘老师的帮助和关心下，不仅学习成绩和科研能力扶摇直上，而且拥有了积极向上的人生态度，思想和心态也成熟了很多。在我处于低谷时，他会热心地开导我；在我有惰性时，他会尽职地监督我；在我需要帮助时，他从来都是尽全力支持我。不仅是对我，他就是这样悉心对待班里的每一位同学，远远超越了一位班导师的职责。现在我已在美国读研两年，仍时常得到刘老师温暖的关心和鼓励，我相信，这些是只有真正爱学生懂教育的老师才能做到的。

2008级化学专业学生：杨俊雅

刘老师是一位认真负责、对学生友好、有耐心的好老师，经常尽自己最大的力量帮助我们解决日常生活中遇到的困难，耐心并细致地对待每一位同学。考试前他会组织我们进行考前总动员；找实习找工作的时候他会在制作简历参加面试等方面给我们许多建议。在我的心中，刘老师是一位非常优秀的班导师。他用亲情感化我们，在关键时期改变了我们班的很多同学，感谢刘老师陪伴我们度过大三和大四这一关键时期。

2011级应用化学专业学生（硕博连读）：张婧玉

从大四的毕业设计到攻读硕士和博士，刘老师一直是我的导师。刘老师在生活中乐观积极，充满正能量；在学术上全身心投入、思路清晰、严谨认真。这些都深深影响着我，让我懂得成功来之不易，要保持乐观的态度，坚持不懈地朝着一个方向努力！刘老师因材施教、博采众长，课题组厚积薄发，我与师弟师妹们取得了很大的进步，更是在2018年，课题组每个人都获得了校学业一等奖学金。刘老师始终与我们一起克服科研中遇到的困难，一起分享成功的喜悦，他既是良师、也是益友！

这几年，我跟刘老师学知识的同时，也学到了为人处事的道理，因此不仅取得了学术上的成绩，人也变得更加成熟稳重。在今后的人生道路上，我会始终保持着刘老师教给我"懂得感恩，永不抱怨"的生活态度继续走下去！

2014级材料化学专业学生（硕博连读）：周丹

刘老师是一位非常亲切、细心的导师，除了教书，他更关心的是育人。他总是说，读研并不是为了发几篇文章，而是要学会思考，学会做人。刘老师教导我的"学会感恩，永不抱怨"是我的人生信条。他经常与我交流，积极引导我多学习多思考；在生活中，他也给予我很多的关心和帮助，为我的人生指引方向，相信在他的指导下我能走得更高更远。

结 语

"用文学演绎化学的精彩，用化学感悟生活的深度！"科学与人文始终贯穿于我的课堂教学。

作为一名教育工作者，我的初心就是用我的心路伴随学生成长，用我的肩膀构筑学生进步的阶梯。培养学生，首先要让他们成人，而后再谈成才。德行天下，信立百年。我迎来送往了十四届近万名学生，值得欣慰的是，学生们都能够接纳我、喜欢我。经我之手，从未碰到过一个"顽石分子"，更没有一个掉队不毕业的学生。曾经最爱打游戏的学生，研究生毕业后高薪就业，并在自己的工作岗位上不断取得好成绩，这让我深感自豪。

教育应当怀抱热情，要传播正能量。我以为，对待学生应当像爱自己的孩子一样付出真心，对待他们遇到的问题应当像对待科研课题一样寻找策略。"要让每个和我沟通的同学都找到答案和自信"，这是我对学生的承诺。

对待教学不仅要富有激情，更应当如切如磋，如琢如磨。要以学生为中心不断提升教学质量，激励他们自主学习，形成勤于思考、善于实践、富于创新、胸怀家国的品质。

我愿以一己之力助力每一位学生去成就更好的自己。

最后，我要感谢恩师们的栽培，领导、同事、朋友、家人的支持，母校同济大学的培养和工作单位华东理工大学学生们的宽容，谢谢你们让我走上讲台，热爱讲台，享受讲台上的每一分钟！

在教学之路上，在探索与追寻之路上，我已经走了十四年。

生命，继续！爱，继续！用人生讲化学，继续！